"十四五"职业教育国家规划教材

平版胶印技术与操作

余勇 主编

Lithographic Offset Printing Technology and Operation

化学工业出版社
·北京·

内容简介

本教材以行业对高技能人才、大国工匠的培养需求为出发点，以典型工作项目、任务为载体，以学生为中心，根据典型工作任务、工作过程以及学生自主学习的要求设计教材体系和内容，实现理论教学与实践教学的结合，以便学生有重点且高效地掌握平版胶印技术与操作要领。本教材项目包括初识单张纸胶印工艺及操作、单张纸单色胶印工艺及操作、单张纸多色胶印产品印刷工艺及操作、卷筒纸胶印产品印刷工艺及操作，每个项目下设若干任务，并配备任务相关知识。本书配套77个操作视频、11套任务拓展测试题及答案，读者可扫描书中二维码获取。同时，本书配套在线课程，可登录智慧职教平台，搜索课程"胶印工艺及操作"，进行在线学习，或下载相关资源。

本教材主要作为高等职业院校印刷媒体技术专业教材，也可作为印刷从业人员的参考用书。

图书在版编目（CIP）数据

平版胶印技术与操作/余勇主编． —北京：化学工业出版社，2020.11（2023.8重印）
绿色印刷项目式规划教材
ISBN 978-7-122-37702-9

Ⅰ．①平⋯　Ⅱ．①余⋯　Ⅲ．①胶版印刷-高等职业教育-教材　Ⅳ．①TS827

中国版本图书馆CIP数据核字（2020）第168699号

责任编辑：张　阳　　　　　　　　　　　　　装帧设计：王晓宇
责任校对：边　涛

出版发行：化学工业出版社（北京市东城区青年湖南街13号　邮政编码100011）
印　　装：北京虎彩文化传播有限公司
787mm×1092mm　1/16　印张9¾　字数227千字　2023年8月北京第1版第2次印刷

购书咨询：010-64518888　　　　　　　　　　售后服务：010-64518899
网　　址：http://www.cip.com.cn
凡购买本书，如有缺损质量问题，本社销售中心负责调换。

定　　价：58.00元

《平版胶印技术与操作》
编写人员

主　　编　余　勇

副 主 编　陈海生　余成发　毛宏萍

编写人员　余　勇（四川工商职业技术学院）

陈海生（中山火炬职业技术学院）

余成发（安徽新闻出版职业技术学院）

肖　林（四川工商职业技术学院印刷厂）

毛宏萍（四川工商职业技术学院）

唐　勇（四川工商职业技术学院）

张永鹤（四川工商职业技术学院）

黄文均（四川工商职业技术学院）

姚瑞玲（四川工商职业技术学院）

刘激扬［永发印务（四川）有限公司］

郭　蔚（四川新华彩色印务有限公司）

主　　审　李　荣（广东轻工职业技术学院）

前言

为深入贯彻落实国务院《国家职业教育改革实施方案通知》（职教20条）〔国发（2019）4号〕、教育部《高等学校课程思政建设指导纲要》〔教高（2020）3号〕以及其它有关职业教育教学文件精神，进一步深化职业教育教学改革，加快职业院校内涵建设，创新人才培养模式，开展以项目驱动、任务导向模式的教学，以校企合作为基础，深化产教融合，我们致力于建立理论教学与技能培训一体化的教材体系，全面推进课程思政、习近平新时代中国特色社会主义思想进课堂，提高人才培养质量、培养效率，并为此编写了本教材。

本教材是理论与实训相结合的理实一体化教材。全书依据专业教学标准及本课程教学标准，结合平版印刷工岗位要求，以《平版印刷工国家职业标准》为参考，与企业专家合作研究确定印刷媒体技术专业所对应的典型工作岗位——平版胶印机操作所需要的知识、技能及素质，序化重组、确定教材的内容。本教材打破传统的学科体系，经与企业专家研讨，以典型岗位所需知识、技能获取和养成的顺序进行编写，以平版胶印产品生产过程即胶印工艺操作为主线进行教材内容的重构。教材的主要内容分为四个学习项目，每个项目根据情况安排由浅入深、由简单到复杂的若干任务，形成能力的递进。每个任务又包含"任务实践"和"任务知识"两部分。"任务知识"包括平版胶印相关理论知识，内容选取以够用为度；"任务实施"包括实训过程、操作规程等，同时知识内容积极引入新材料、新工艺等。本教材配套在线课程，可登录智慧职教平台，搜索课程"胶印工艺及操作"，进行在线学习，也可以下载相关资源。

本教材以校企合作的方式开发，主编由余勇（四川工商职业技术学院）担任，负责全书的统稿、修编和定稿，副主编由陈海生（中山火炬职业技术学院）、余成发（安徽新闻出版职业技术学院）、毛宏萍（四川工商职业技术学院）担任。主审由李荣（广东轻工职业技术学院）担任，主审对全书进行了审定，给予了宝贵的指导，并提出了修改意见。教材中项目一任务知识由余勇编写，任务实施由肖林（四川工商职业技术学院印刷厂）编写，任务思考、任务练习和拓展测试由毛宏萍编写；项目二的任务实施由肖林（四川工商职业技术学院印刷厂）、郭蔚（四川新华彩色印务有限公司）编写，任务思考、任务练习和拓展测试由张永鹤编写；项目三的任务知识由陈海生、毛宏萍、唐勇编写，任务实施由刘激扬（永发印务有限公司首席工程师）编写，任务思考、任务练习和拓展测试由黄文均、毛宏萍、唐勇编写；项目四任务知识由余成发编写，任务实施由肖林编写，任务思考、任务练习、拓展测试由姚瑞玲、唐勇编写。

本教材按项目驱动、任务导向的教学模式编写，内容符合高等职业教育的发展趋势，具有一定的创新性。初次尝试难免有欠妥之处，敬请专家和读者指正。

编者

2020年6月

目录

项目一
初识单张纸胶印工艺及操作

项目二
单张纸单色胶印工艺及操作

2

项目三
单张纸多色胶印产品印刷工艺及操作

3

项目四
卷简纸胶印产品印刷工艺及操作
4

项目五
包装产品新工艺与技术创新应用　5

附录

参考文献

　　单张纸平版胶印是目前市场上印刷高档次商业印刷品、包装印刷品的重要印刷技术，也是目前印刷包装行业极具发展特点的印刷工艺技术。近年来，单张纸胶印工艺已实现高速度、高精度、高自动化程度，多色组、多功能，转换时间、准备时间和停机时间缩短等技术优势。

以表1-1所示施工单为例进行讲解，要求学生能够阅读基本的施工单并准确地掌握施工单上的信息，然后由老师进行考核。

任务知识

一、胶印印刷工艺详细流程

平版印刷，即印版上印刷图文要素与空白要素在同一平面上。胶印是平版印刷的一种。胶印，是胶版印刷的简称。在中国，胶印是一种有绝对统治地位的印刷方式，由于印刷速度快、印刷质量相对稳定、整个印刷周期短等多种优点，书刊、报纸和相当一部分商业印刷都在采用胶印。一提到印刷，人们马上想到的是胶印，海德堡、罗兰、三菱、小森等国外印刷机品牌连普通老百姓也耳熟能详。简单地讲，胶印就是借助胶皮，即橡皮布，将印版上的图文传递到承印物上的印刷方式，也正是橡皮布的存在，才称这种印刷方式为胶印。橡皮布在胶版印刷中起到了不可替代的作用，例如：它可以很好地弥补承印物表面的不平整，使油墨充分转移，它还可以减少印版上的水向承印物上传递等。现在通常说的胶印范围更狭窄一些，即有三个滚筒——印版滚筒、橡皮布滚筒、压印滚筒的平版印刷方式。

现在，工艺技术的成熟使得胶印具有制版过程简单、版材价格低廉、产品色彩柔和、图像层次丰富的特点。同时，胶印印刷流程中必需使用水，即常说的润版液。由于胶印是通过橡皮滚筒转印的，因而它属于间接印刷方式。一般胶印的墨层非常薄，只有几um。

一件印刷品的完成，无论采用哪一种印刷方法，一般都要经过原稿的选择和设计，印前图文信息的制作、制版、印刷、印后加工等过程。其流程如图1-1所示。

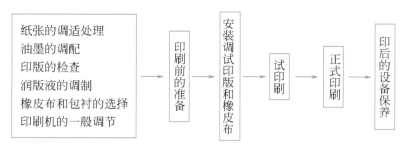

图1-1 胶印印刷工艺及操作流程图

胶印印刷工艺复杂，印刷前要做好充分的准备工作。在正式印刷前，要做好准备工作。认真检查印版质量，调配好油墨，对不适宜印刷的纸张做好调适处理。

二、胶印印刷施工单及构成

当公司承接业务后，为了把客户的要求完整地表述给各生产工序，使各生产工序明白生产全过程直至最后结算各项费用，在业务承接后产品施工前，必须开具"产品施工单"。各生产工序要严格按施工单进行施工，施工单就是总经理下达的生产命令单。为确保施工命令的严肃性、准确性，业务员首先要了解客户对产品的全部要求，包括选用的纸张、墨色、成品标准、送货地址、联系方式等，均应准确无误地填写清晰，方便生产全过程的实现。

根据施工单格式顺序逐项填写。表首部分分别填写来稿日期（即开单日期）、交货日期（应根据客户要求，结合企业生产能力来承诺，同时要避开公休假日），客户有委托合同的，应将客户委托合同号写上，同一客户产品种类较多且有再版印刷情况的，应统一给予编号，在再版时写上原始编号，不能重复编号，方便菲林及原始印样的调用。表内需填写的内容分为业务、纸张墨色、重要说明、工价等四类。

工艺师或工艺员完成印刷工艺施工单制定即进入生产流程进行施工生产，具体过程如下：开单→审核→下达生产作业计划→制版→晒版→印刷→检验→印后加工→送货→核价→开票→存档。

施工单经生产计划分流后，进入拼晒版程序，根据施工单开具的料单进入纸库发料、开料程序，因此，当改动施工单供纸数量或开切尺寸时，必须把施工单与料单一起更改，否则将产生两单不一致，造成纸张浪费或产品数量溢缺的情况。由于施工单在核算开票结束后按顺序号入档，故不得发生缺号现象，如发生施工单开错或客户止印，必须全份作废，施工单、料单一起注明作废后交销号员注销作废后再入档，不得私自销毁处理。

其中，在印刷施工单的开制过程中，纸张的用量计算是比较重要的一环。在胶印过程中，我们用"定量"表示纸张的重量，即每一平方米纸或纸板的重量，单位为g/m^2，俗称"克重"；纸张的厚薄用纸张厚度表示，单位是丝或者毫米。在日常生产中，我们常用纸张的定量来表示纸张，例如说一种350g白卡纸，厚度47丝，都说350g白卡，不会说47丝白卡。一般，定量$\leq 250g/m^2$的称为纸，定量$\geq 250g/m^2$的称为纸板。纸张的数量计算单位用令表示，五百张全张纸称为1令。一般，将一张全张纸印刷一面为1个印张，一张对开纸印刷两面为1个印张。

纸张的规格是指纸张制成后，经过修整切边，裁成的一定尺寸。

根据国际标准与国内标准的不同，将纸张分为大度和正度。大度是国际标准，整张纸尺寸为889mm×1194mm，正度是国内标准，整张纸尺寸为787mm×1092mm。根据ISO 216规定的纸张尺寸系列以及纸张幅面的基本面积，纸张幅面规格可分为A系列、B系列和C系列，纸张幅面由纸张宽度和长度表示：幅面规格为A0的幅面尺寸为841mm×1189mm，幅面面积为1平方米；B0的幅面尺寸为1000mm×1414mm，幅面面积为2.5平方米；C0的幅面尺寸为917mm×1279mm，幅面面积为2.25平方米。A系列里面A0尺寸是最大的，但是全系列里面B0尺寸最大。若将A0纸张沿长度方向对开成两等分，便成为A1规格，将A1纸张沿长度方向对开，便成为A2规格，如此对开至A8规格；B0纸张亦按此法对开至B8规格。其中A3、A4、A5、A6和B4、B5、B6、B7几种幅面规格为复印纸常用的规格。

过去是以多少"开"（例如8开或16开等）来表示纸张的大小。书刊幅面大小称为开本（或开数）。全张纸大小幅面为全开，将全张纸平均分成几份，每一份即为几开。可用2的乘方幂来计算开数。如：$2^3=8$，表示全张纸被对剖3次，为8开。一般可表示为A3或B3。图1-2为常规开本尺寸，可以看到对开、4开、8开、16开、32开的尺寸大小。日常生活中常见的"A4"纸，就是将A型基本尺寸的纸折叠4次，所以一张A4纸的面积就是基本纸面积的2的4次方分之一，即1/16，最终纸张大小为210mm×297mm，其余尺寸依此类推。

项目一
初识单张纸胶印工艺及操作

项目教学目标

通过本项目"理实一体"的各项任务实施以及对应知识原理的学习，了解单张纸胶印工艺操作的基本流程及操作要点；掌握单张纸胶印工艺操作中必备的工艺技术知识和原理；培养规范化、标准化生产意识，主动获取出版物印刷相关法律法规知识。拟达到的知识技能目标如下。

■ 技能目标

1.熟悉印刷施工单的构成，初步备有一般印刷施工单的编写能力；
2.初步具有阅读理解并实施印刷施工单的能力；
3.具备根据印刷施工单准备印刷原辅材料的能力；
4.具有印刷机印前准备的基础调试能力；
5.具备上机印版的基本检测能力；
6.具有基本的印后整理工作能力；
7.培养使用印刷测量仪等仪器进行规范化、标准化生产的能力。

■ 知识目标

1.阅读和熟悉开具单张纸胶印工艺印刷工单的相关技术知识及术语；
2.掌握纸张调湿原理和方法；
3.掌握胶印油墨印刷适性的相关知识；
4.熟悉润版液的组成及种类，掌握常用胶印润版液的配方及控制方法；
5.理解并掌握平版胶印润湿原理、胶印水墨平衡含义，以及控制方法；
6.了解印刷压力的分类及表示方法、印刷压力的作用及控制的基础知识；
7.初步了解印刷质量的控制原理及检测方法；
8.初步了解影响印刷质量的工艺参数及控制方法等；
9.通过学习，初步具备行业法律法规意识，掌握印刷许可相关法律法规知识。

任务一　认知印刷工艺流程

任务实施　识读印刷施工单

1.任务解读

熟悉印刷施工单及构成。表1-1所示为某礼品袋印刷生产施工单。

表1-1　印刷生产施工单

客户名称	××公司	合同单号	006	施工单号	006	交货日期	
印件名称	礼品袋		成品尺寸	高375mm 宽310mm 厚100mm	印数	10000本	
拼版	大对开拼版		拼版尺寸	885mm×595mm	印版件数	4块	
			印刷色数	2＋0色	P数	4块	
切纸	用纸名称	157g/m² 双铜纸	用纸数	5000张全开			
	开纸尺寸	885mm×595mm	加放数	100张			
印刷	印刷用纸	10200张对开	印刷色数	2＋0色			
	上机尺寸	大对开	下机数量	10150张对开			
印后加工	单面过光胶、模切、粘袋、穿绳						
开单员		审核员		开单时间			

2.设备、材料及工具准备

针对不同产品的一系列施工单。

3.课堂组织

分组进行施工单的阅读，每位成员必须熟悉印刷施工单及其构成。

4.操作步骤

① 首先了解设备的交接情况，并做好记录；

② 领取并阅读施工单，掌握本次生产情况，做好工作任务分解；

③ 分配工作任务，做好印前准备工作。

阅读施工单的关键是要弄懂印刷方式、印刷色数、上机纸尺寸、上机纸数量（含放数）、印版套数或块数、纸张种类等。

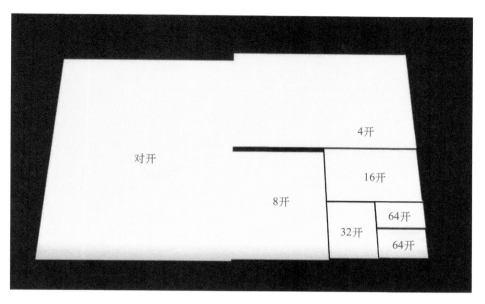

图 1-2 纸张开数

任务思考

1. 简述胶印印刷工艺操作基本流程。
2. 印刷施工单的意义是什么？
3. 阅读施工单的步骤是什么？关键是什么？

任务练习

选择一个胶印产品，制定该产品的印刷工单。

拓展测试

▶ 微 信 扫 码 ◀
选择题

▶ 微 信 扫 码 ◀
判断题

任务二 印刷前准备

任务实施 印刷前准备操作

印刷前的准备工作包括纸张、油墨的选用，印版的检查和印刷机各项目的准备。

1.任务解读

熟悉印刷前的准备工作内容与要求，强化印刷前准备的意义。

2.设备、材料及工具准备

曼罗兰700胶印机、印刷材料及辅助材料。

3.课堂组织

首先阅读施工单，然后进行润版液配制，纸张处理与装纸及印刷辅助材料准备。油墨选用好后完成装墨及印版、印刷机的检查。

本任务不考核，但要求学生写出《印刷前准备实训报告》。

4.操作步骤

首先阅读施工单及生产交接记录，掌握生产情况，然后检查设备交接记录。在掌握以上情况的基础上，听从教师或机长的安排，进行各项准备工作：

① 纸张准备；

② 油墨准备；

③ 润版液准备；

④ 印版准备；

⑤ 印刷机检查；

⑥ 生产工具的准备；

⑦ 过版纸的准备；

⑧ 喷粉装置检查等。

各项准备工作要求：将纸张装到机台上，将印版装到机器上，将润版液加到水槽中，辅助材料到位，对印刷机进行安检并使之处于准备状态，将过版纸和校版纸准备好。

要求按真实生产流程进行教学，学生观看并协助教师操作，然后由学生自主练习印刷前准备。

图1-3～图1-6所示为橡皮布的几种实物图。

图1-3　橡皮布的背面图

图1-4　橡皮布的正反面对比

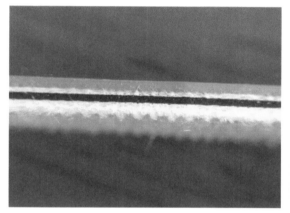

图1-5　橡皮布的结构图

图1-6　橡皮布的老化

▶ 微 信 扫 码 ◀
上新橡皮布操作

▶ 微 信 扫 码 ◀
524型胶印机上橡皮布操作

任务知识

一、纸张的准备

纸张的印刷适性就是将纸张与其他材料、印刷条件相匹配，达到适于印刷的总性能。纸张质量的好坏主要取决于纸张某些物理、化学性能的好坏，而纸张的这些性能是通过一些技术指标来体现的：含水量、伸缩量、丝缕、强度、白度、光泽度、不透明度、平滑度、紧度、吸收性，等等。

印刷适性的好坏对印刷过程及印刷质量会有很大影响。如含水量大小、伸缩性大小会对套印造成影响，这是对印刷质量的影响；纸张表面强度大小则会影响纸张拉毛，这是对印刷过程的影响；白度、光泽度则会影响色彩再现，这又是对印品质量的影响；纸张吸收性、紧度会影响印迹的干燥速度，则是对印刷过程的影响，等等。所以，纸张的印刷适性在印刷中是非常重要的一个性能。在平版胶印中这个性能显得更重要。

轻涂纸的正反面如图1-7所示。

图1-7 轻涂纸的正反面

1.纸张的吸水性

纸张是由植物纤维组成的，植物纤维具有吸水膨胀的特性，故纸张也能吸收空气中的水分而发生变形。

纸张的含水量，在常温条件下与空气中的相对湿度处于平衡状态。但随着空气中相对湿度、温度的变化，纸张的含水量也随之发生变化。当空气中的相对湿度增大时，纸张就从空气中吸收水分，直到纸张的含水量与空气中的相对湿度取得平衡，纸张的这种现象称为吸湿，反之就是脱湿。

纸张的吸湿与脱湿是纸张产生伸缩变形以及纸张尺寸不稳定的根本原因。控制和稳定印刷环境的温度和相对湿度，是保证和提高印刷质量的一个重要环节。

（1）纸张含水量的变化规律

纸张的含水量与环境中的温湿度有一定的关系。根据测定，纸张的含水量随空气温度的升高而下降，随环境相对湿度的升高而升高。

在相对湿度基本不变时，空气温度每变化±5℃，纸张含水量变化±0.15%，纸张含水量与温度成反比变化关系。纸张含水量与相对湿度成正比关系，空气湿度越大，纸张含水量越多。

（2）纸张含水量与印刷的关系

纸张含水量过大，会使纸张表面强度下降，油墨干燥时间延长。纸张含水量过低，会使纸张变得硬而脆，无弹性，易产生静电，影响纸张传输。纸张吸湿使纸张含水量增大，纸张尺寸伸长，纸张脱湿使纸张含水量减少，纸张尺寸缩短。纸张伸缩就易导致印刷中套印不准故障。如果纸张吸湿与脱湿不均匀就会使纸张伸长与缩短也不均匀，造成纸张不均匀变形，出现紧边、荷叶边、卷曲现象。

紧边是指当环境空气干燥时，纸堆边向外放出水分而收缩，使纸边的水分低于纸张中间的水分，纸边收缩向下弯曲。

荷叶边是指环境湿度增高时，纸堆四周边吸收水分而伸长，纸张中间的水分仍保持不变，使纸边伸长呈波浪形。

卷曲是指纸张正反面吸水不均匀，使两面尺寸产生差异，纸张向含水量小的一面卷曲。

以上纸张变形的现象在印刷时对输纸、定位及收纸都会产生影响。

2.纸张的调湿处理

调湿的作用是为了使纸张在印刷过程中保持尺寸稳定，降低纸张对湿度及版面水分的敏感度，提高套印的准确性，防止纸张出现不均匀变形现象。纸张的调湿方法如下。

（1）印刷机房调湿法

事先把纸切好后堆放到印刷车间放置一段时间，让纸张水分与车间温湿度达到平衡状态。否则，最好就是裁切后马上印刷，以防纸张变形。出现荷叶边的纸张如图1-8所示。

（2）烘房调湿法

产生荷叶边的纸张可以放到烘房或抽湿房中烘干，以解决荷叶边造成的印刷起皱问题。

（3）晾纸房调湿法

对于带静电的纸张或者产生荷叶边、紧边的纸张都可先在晾纸房进行吊晾，让纸张吸湿或脱湿。对于荷叶边的纸张可以加热脱湿，对于紧边的张纸可以吊晾加湿。

图1-8 出现荷叶边的纸张

（4）印刷机空压法

当纸张过分干燥，不适合印刷时，可以先用清水空压一次，提高纸张的含水量，并可消除纸张表面的纸粉与纸毛。

（5）纸张周围加湿法

对于紧边的纸张或者带静电的纸张，还可以用在纸堆周围进行人工洒水加湿的方法进行调湿，以改善纸张的印刷适性。

3.纸张的使用与保管

（1）纸张的使用

在印刷工艺操作中，对纸张的使用，特别是对非涂料纸的使用，一般应注意三个方面的问题。

① 纸张的正反面。纸张具有正反面性，这是造纸过程中形成的。纸张的正面平滑、细密，而反面粗糙、有网痕。纸张正反面的差别虽然微小，但对印刷效果会产生影响。因此，在纸

张裁切、储存、备料及印刷过程中，都应严格注意区分，防止纸张正反面混杂使用。

② 纸张的丝向。纸张纤维的排列取向具有方向性，因此就出现了纸张的纵向与横向。由于纸张的纵向与横向在机械强度和伸缩变形量等方面是大不相同的，所以在印刷中应加以注意。

③ 纸张的白度、光泽度、平滑度和色相。由于纸张组成、品牌、加工工艺和生产批次不同，会产生白度、光泽度、平滑度和色相不一致的情况，印刷以后，就会引起印刷品颜色的变化。这些纸印完装订成书刊或加工成包装产品后，其外观效果会产生差异，因此，在选用和印刷时也应特别注意不要混用。白度和光泽度的单位是百分比（%），平滑度的单位是s，色相的单位是CIELABL*、a*、b*值。

（2）纸张的堆放

卷筒纸的堆放如图1-9所示，单张纸的堆放如图1-10所示。

| 图1-9　卷筒纸的堆放图 | 图1-10　单张纸的堆放 |

纸张的堆放要注意以下几点。

① 合理选择储存场地，注意纸张堆放环境的整洁、通风、避光、防潮；

② 平板纸的堆放应一律平放，切不可竖放，不能卷曲与折叠堆放，裁切后的纸张应撞齐后堆放，以防纸边弯曲折坏；

③ 卷筒纸的堆放不应过高，以防压坏纸边，破坏卷筒纸的圆柱度，卷筒纸不宜直接放到地上，应有衬垫物，竖直叠放；

④ 纸张堆放环境的相对湿度为50%～55%，温度为16～20℃。

（3）纸张的保管

纸张保管是一项重要的工作。对于从造纸厂或纸库运来的纸张，不能由高处向下抛掷、摔砸，以免发生散件或损伤纸张。另外，纸张必须整齐、平整堆放。纸张露天停放时间不宜过长，要及时运进车间或纸库。纸张要按品种和类别进行堆放并排列整齐，不能串乱放置。

纸张执行先入库先发放先使用的原则。库存的纸张类型、数量、保管情况要定期检查与清点，以确保印刷生产用纸。除此之外还要注意以下问题。

① 防潮。由于纸张纤维是吸水性较强的物质，使得纸张对空气湿度十分敏感，其中的水分会随空气湿度的变化而变化，因此要注意防潮。

② 防晒。纸张必须避免阳光的直接照射，否则纸张中的水分蒸发会使纸张发脆，木浆类纸张会发黄，同时会引起纸张起皱，严重的会影响

印刷生产。

③ 防热。纸张不宜放在温度过高的地方，纸张在超过38℃高温环境下，其机械强度会降低，特别是涂料纸会粘连在一起成为废品。

④ 防折。纸张在拆包放置时，应平摊堆放，绝对不可以一折三叠地堆放，否则时间长了会使纸张变形、出现褶皱。同时在堆放时，纸的两端不可交错凸出，以免影响印刷生产。

4.装纸要求

① 双面印刷在印完正面印反面时，应松纸后再装纸，以免纸张粘连。

② 纸张中如有坏纸（烂纸），应选出后再装纸。

③ 不整齐的半成品应先撞齐堆放，提前做好装纸准备。

④ 纸张未干时不能撞纸；印迹未干透而撞纸时应轻拿轻放；刚印完的印张如要撞齐，应用手拿空白部分且最上面放一张过版纸再撞。

⑤ 装纸太高时，如纸面不平整，应用纸垫平后再装，或者控制纸堆高度。

⑥ 刚印完的印张，手不要拿图文部分进行操作。

⑦ 撞纸前应先松纸，让空气充分进入纸中，如纸不平整，发生弯曲、上翘、下垂的现象，应先进行敲纸处理。但对铜版纸一般是不能敲纸的。

⑧ 装纸时，应事先松一下，以便空气进入纸中。

▶ 微信扫码 ◀
自动检测纸垛高度

▶ 微信扫码 ◀
色光加色法

二、油墨的准备

1.常用油墨选用

油墨的存放如图1-11所示。UV快干型油墨如图1-12所示。

▶ 微信扫码 ◀
色料减色法

图1-11 油墨的存放

图1-12 UV快干型油墨

（1）根据印件种类与特点选择

四色印刷品选用四色墨，并一定要选用同一品牌的四色墨。高档四色印刷品可选用高档四色墨，普通四色印刷品选用普通四色墨。工厂实际采用的常见三原色油墨是蓝、红、黄或者天蓝、洋红、中黄。

文字印刷品一般选用中低档普通单色墨。

（2）根据承印物种类选择

铜版纸一般选亮光型快干墨或快固墨，胶版纸可选普通胶版树脂墨或快干墨。书写纸一般选普通树脂墨，白板纸一般选快干墨或快固墨，报纸印刷一般选用轮转墨。

（3）根据印件油墨量选择

实地满版印刷品一定要选用快固墨，大色块实地印刷品可选快干墨与快固墨，小墨量印刷品油墨选择由其它条件决定。

（4）根据印件颜色选择油墨

报纸的套红、红头文件的套红使用金红墨。

2.油墨印刷适性调节

一般情况下尽量使用原墨进行印刷，不需要添加任何助剂，只有在以下的特殊情况下才需要调节油墨的印刷适性。

① 冬天温度过低造成油墨变硬，需要添加6号调墨油使油墨变软。

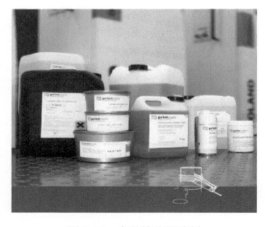

图1-13　常见的油墨助剂

② 满版实地印刷一般需要添加干燥剂来提高油墨干燥速度，并可添加少量的防脏剂防止印刷品过底。常见的油墨助剂如图1-13所示。

③ 对于墨量极大的印刷品，一般也需要添加干燥剂来提高油墨的干燥速度。

④ 纸张拉毛或油墨太黏时，一般可添加少量的去黏剂来降低油墨的黏度与黏性，减轻拉毛现象。

油墨印刷适性调节常用助剂如下：

① 油墨黏度调节一般选用调墨油或撤黏剂调节。

② 油墨干燥性调节一般选用红燥油或白燥油进行调节，红燥油对油墨表面的催干效果较好，白燥油对油墨内部的催干效果较好。

单色印刷一般选红燥油即可。四色印刷一般在最后色选用红燥油，前面色选用白燥油。

③ 油墨黏性调节一般选用去黏剂，也可选用防脏剂。去黏剂不但可以降低黏性，同时也可降低油墨黏度，防脏剂在降低油墨黏性的同时还可以防止印刷品过底，但不能加得太多。

以上所有助剂合计起来一般不要超过油墨总量的5%，最好不超过3%。

3.油墨的使用与保管

（1）正确估计油墨用量

根据印版的总体墨量及印刷数量来决定装墨量，对于短版印刷，应少装些油墨，以免剩余油墨太多又要装回。对于专色油墨，要一次性配足，以防不足造成第二次调墨，影响墨色的一致性，但也不能配得太多造成浪费。因此，平时要加强油墨用量的统计，提高估计能力。

（2）余墨保管与利用

墨斗中的剩余油墨要装回墨罐，如果墨斗中的油墨不宜装回原墨罐，也不要丢掉，可以装到旧墨回收罐，用来印刷低档产品或者用于专色墨调配。

（3）储存条件

未开启的油墨应退回仓库保存，开启后的油墨应存放在避免阳光直射或热辐射的地方。保存时应盖好墨盖，并可喷些止干剂或者加一层水。

（4）保存期限

油墨保存期一般不超过2年，期限越长，油墨越易产生胶化、干涸现象，影响使用。

（5）正确选用

根据印刷品不同及纸张不同进行选择使用，好油墨并不适合所有印刷情况，适合的才是最好的。

（6）科学调节油墨适性

根据印刷环境与印刷实际情况适当调节油墨适性，使油墨更适合具体的印刷条件、印刷机械、印刷纸张等，从而提高印刷效果与印刷质量。

（7）专色墨标注

剩余的专色油墨一定要用印刷色样标注在墨罐上，以便于下次使用时参考。

（8）建立油墨库存登记制度

机台用多少领多少，多领的要退回仓库，仓库应建立登记制度，进、出库情况一目了然，可提高油墨使用效率，减少库存，及时采购，降低成本。

4. 装墨要求

① 去干净墨皮，不要把墨皮带到墨槽中；

② 墨罐中的剩墨要刮平，不能高低不平，影响下次取用；

③ 油墨装到墨槽后，要用墨铲左右搅拌均匀；

④ 油墨装好后，墨罐要放回原处墨架上，不能放在机台侧面、墙板或踏板上；

⑤ 墨铲可放在专用墨铲架或者墨罐上；

⑥ 装墨时根据油墨流动性及印刷产品特点决定是否需要添加助剂，添加后要搅拌均匀。

5. 油墨的转移

油墨转移墨层的变化用转移率来表示，即：

$$油墨转移率 = \frac{Y}{X} \times 100\%$$

式中，Y 为单位面积上转移到纸张上的墨量；X 为单位面积上转移到印版上的墨量。

经分析可得：

① 油墨转移量或墨层厚度，是随转移行程的增长而递减的；

② 纸张墨层第四输出量决定墨斗辊墨层和转角的第一输出量；

③ 油墨具备一定的黏度，转移时才能做到墨层中间断裂；

④ 油墨转移到墨辊上，必须厚薄均匀，方能保持纸张墨层和墨量；

⑤ 油墨墨层的转移，要受到各种可变因素的影响；

⑥ 一旦确定了墨斗辊墨层厚度和转角大小，印刷中途尽量不作过大的调节，以防止纸张墨色忽深忽浅造成墨色不均。

三、润版液的准备

1.润版液的作用及对印刷质量的影响

在印刷过程中，润版液在印版表面空白部分形成水膜抵抗油墨的黏附与扩散，可防止印版空白部分上墨起脏。如果润版液过少，油墨就会向印版空白部分扩散，出现网点扩大、糊版甚至空白部分起脏的现象；相反，如果润版液过多，水膜就会向印版图文部分扩散，造成网点缩小与丢失，出现图文发花发虚的现象。

因此，水量大小对网点扩散及图文深浅有直接影响，水量大小的变化直接影响印刷品的墨色深浅与产品质量，掌握好水量大小是控制好印刷质量的重要因素之一。

除上述作用外，润版液还有以下作用：

① 降温。墨辊之间高速运转、墨辊与印版高速运转都会产生高温，润版液可以起到降温作用，因此胶印机不用另外加装降温装置。

② 清洁印版。印刷过程中，纸粉、纸毛转移到印版上，可以通过润版液进行清洁。

③ 保持印版空白部分良好的润湿性。当印版空白部分磨损后，润版液会与版基反应生成新的亲水盐层，保持印版空白部分良好的润湿性。

2.普通润版液的组成与配制

润版液目前主要有普通润版液与酒精润版液两种。普通润版液是在水中加润湿粉剂及少量封版胶配制而成。一般的润版液由水、酸、无机盐、亲水胶体和表面活性物质组成。水占润版液的比例最大，作为润版液中各种化学物的载体，是润版液的主体。

润版液中常用的亲水胶体为阿拉伯胶和羧甲基纤维素（CMC）。

阿拉伯胶（或CMC）能牢固地吸附在印版表面，增加版基表面的亲水性。不但如此，亲水胶体还可以在印版表面形成一层致密的保护层，阻断版与其他物质接触，保护印版。

酸具有抗脂去油性，能消除印版表面的脏油。酸的另一种重要作用是与印版表面发生化学反应，在印版表面形成一层无机盐层，增强版基的亲水性。但酸性过强，也会腐蚀印版，因此，我们要严格控制润版液的酸性。

无机盐，如磷酸盐、硝酸盐等，利用其在润版液中发生电离现象，达到维持润版液pH值的目的。

表面活性物质能降低润版液表面张力，使润版液在印版表面铺展，形成较薄的水膜。较低的表面张力会使润版液在压力作用下，与油墨产生乳化，对印刷产生不良影响，所以不能无限制地降低润版液的表面张力。

配制方法：使用固定容量的水桶或水壶量取自来水（有条件可用纯化水），用量杯或量器量取定量的润湿粉剂（按说明书规定的比例计算好），并取少量的封版胶一起加到水中，摇均溶解后即可使用。

3.酒精润版液的组成与配制

酒精润版液是在水中加酒精、润版原液配制而成。酒精的作用是降低水的表面张力，提高水与印版的润湿性，用更少的水膜来对抗墨膜。使用酒精润版液，印版水膜较薄，用水量少。由于酒精具有挥发性，故酒精润版液都需要配备专门的循环冷却装置来降低温度，以减少酒精挥发。酒精浓度一般控制在8%～12%，绿色印刷的酒精浓度要求控制在5%以下，温度控制在8～12℃。酒精润版液中其他成分与普通润版液相同，不再重复介绍。

配制方法：用量杯或量器量取规定量的酒精与润版原液加到水箱中即可使用。

实际生产中，常通过在线测量润版液的电导率、pH值、酒精浓度、温度等参数，对其进行补充修正和控制。

四、印版的准备

目前平版印刷使用的印版主要是普通PS版和CTP版。PS版的正面如图1-14所示，PS版的反面如图1-15所示。

图1-14　PS版的正面

▶ 微信扫码 ◀
定位打孔

图1-15　PS版的反面

1.印版质量检查

印版质量检查包括晒后检查与装版前检查，主要是为了提前发现印版的缺陷，并及时处理，不能处理的要重新晒版，以免影响印刷生产，降低生产效率。检查内容主要有印版背面是否有异物，印版正面空白与图文部分是否有划伤，印版空白部分是否氧化变质，图文部分是否脱落与残缺，印版是否有其他物理性损坏，印版厚度是否一致，图文部分是否有烂网现象，图文是否晒反，图文位置是否晒准确等。

有晒版角线的边为叼口，裁切线与版边距离一般为4～8cm，符合此规定的一边为叼口；有打孔的，打孔边为叼口。通过以上方法基本上可以判断印版的叼口。

2.晒版工艺流程

晒版的工艺流程如下：

检查胶片→装版→放片→盖好玻璃盖→抽气→曝光→冲洗→检查→上胶→干燥。

晒版前要认真检查胶片，看胶片是否有质量缺陷，胶片是否拿错，若胶片上有脏点或灰尘，要用酒精擦干净。放片时要注意胶片正反面不要搞错，胶片药膜面朝下，阳图型PS版放片时文字应该是正向的才对。放片时要用晒版条定好位置。盖玻璃盖时要轻柔，不要让胶片移位。冲洗后要检查晒版质量，检查是否有缺陷。干燥可以是自然晾干，最好是用风扇吹干，这样既快又好。晒好的PS版放在光线不强的暗处保存，不能放在有阳光或灯光直射的地方保存。

印版晒出后，有的需要进行烘烤，目的是提高耐印率，满足印刷长单产品的要求。

五、印刷机的准备

平版胶印机的种类：单张纸胶印机和卷筒纸胶印机。

平版胶印机的主要机构：给纸机构、印刷机构、供墨机构、润湿机构、收纸机构。

曼罗兰700胶印机的基本结构单元如图1-16所示。

1.印刷机常规检查

印刷机常规检查主要是为了防止出现设备事故，以安全检查为核心内容。

① 检查时，首先看交接记录，了解设备情况；

② 依次看飞达上是否有异物；

③ 输纸台上是否有异物；

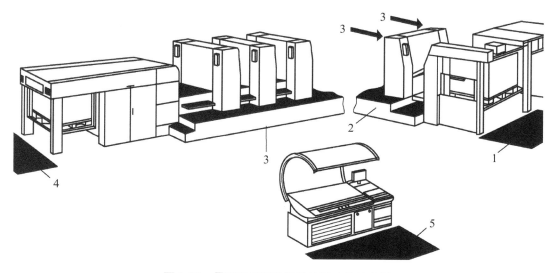

图 1-16　曼罗兰 700 胶印机的基本结构单元

1—输纸器的操作位置；2—第一印刷机组的操作位置；3—印刷机组的操作位置；
4—收纸器单元处的操作位置；5—中央控制台处的操作位置

④ 水路墨路中是否有异物；

⑤ 机器两侧墙板是否有不应该放的物品；

⑥ 生产工具是否放在规定的地方；

⑦ 机器安全装置是否正常有效；

⑧ 是否有其他危险或禁止开机的情况等。

2.印刷机预置

印刷机预置指开机之前根据印件情况对印机进行必要的预先调节工作。预置主要是改规所对应的内容，具体预置内容包括如下几项。

① 分纸头位置；

② 输纸板上压纸轮位置；

③ 前规与侧规的选用与调节；

④ 递纸牙高度调节；

⑤ 印刷压力调节；

⑥ 印刷方式选择；

⑦ 齐纸板位置调节；

⑧ 吸引车位置调节等。

对于多色印刷机，还要对水量、墨量、预上墨进行预置。

印刷时需要调节哪些部位，要根据实际改规情况决定，如果没有改规，一般不用调节。
卷筒纸胶印机如图1-17所示，单张纸胶印机如图1-18所示。

图1-17　卷筒纸胶印机　　　　　　　图1-18　单张纸胶印机

💡 任务思考

1.纸张含水量与印刷有什么关系？

2.纸张含水量与环境温湿度的关系是怎样的？

3.简述纸张调湿处理的作用与方法。

4.纸张保管要注意哪些问题？

5.油墨选用的原则主要有哪些？

6.去黏剂与防脏剂在作用上有什么区别？

7.装墨有哪些要求？

8.余墨如何有效利用？

9.简述润版液的作用与组成。

10.酒精润版液与普通润版液在组成与作用上有什么不同？

11.印版质量检查包括哪些内容？

12.印刷机常规检查包括哪些内容？

◆ 任务练习

1. 根据分配的印版进行质量检查。
2. 根据实训中心现有设备，写出印刷机常规检查的项目并实施。
3. 分组进行油墨的选用、上墨操作。

拓展测试

▶ 微 信 扫 码 ◀
选择题

▶ 微 信 扫 码 ◀
判断题

任务三　输水与输墨

任务实施 输水、输墨量大小的调节与控制

1. 任务解读

熟悉水量、墨量预置操作及要点，熟悉墨量大小与水量大小判断方法，熟悉串墨辊调节方法。

2. 设备、材料及工具准备

根据情况选用多色胶印机以及材料、相应工具，本任务以曼罗兰700胶印机为例。

3. 课堂组织

进行油墨预置、水量预置、串墨辊调节，最后达到水墨平衡控制。要求学生写出《输水输墨实训报告》。

4. 操作步骤

（1）油墨预置

把油墨装到墨斗中，然后根据印版吃墨量分别调节墨斗键与墨斗辊数据，使墨斗辊上的

墨层厚度分布符合自己的预期，使墨斗辊转角适当。

初步调好后开机、开墨。这时要仔细观看油墨转移情况，并判断墨斗辊上的油墨分布是否符合预期。如不满意，这时还应进行调节。与此同时，还要不断观看墨路中的墨量大小，如果出墨量最大的地方墨量够了，就要停止传墨，对于墨小的部位，可用墨铲手动打墨到墨辊上加墨。

初学时，应该停机后手动加墨，可防止出现安全事故。如果不停机加墨，墨铲不能与墨辊直接接触，只能让油墨自己掉落到墨辊上去。通过手动加墨后，使墨辊上的油墨分布均匀一致，此时，输墨才算完成。

对于印版吃墨量分布比较均匀的情况，只要墨斗辊上墨层厚度调均匀了，一般就不需要手动加墨了。

另外还有一种油墨预置方法，那就是在停机状态下用墨铲手动在墨辊上涂布一层均匀适量的油墨，开机运转几分钟后墨路中即可获得均匀的油墨。上墨时，不用开墨，墨斗键的调节同样根据印版吃墨量分布情况进行预先调节。

（2）水量预置

在停机状态下，用手摸一下水绒套的干湿情况，根据情况确定预上水量。如果水绒套较干，开机后应先向水路中手动加较多的水。如果水绒套较湿，开机后可以不加水或者少加水。将水量大小旋钮调节到适当位置。

（3）水墨平衡控制

① 当上水上墨完成后，就可以擦版落水辊了。

② 水辊靠版后，首先要察看一下印版表面的水量大小，如果印版表面暗淡无光，应在水路中加适量水；然后让墨辊靠版，再察看印版上水量情况，如果出现干水糊版，应在糊版处加水。

③ 如果出现水大现象，印刷时应停止开水（把"水开"置于常闭位置），并多放一些过版纸把水带走，或者直接用过版纸把水辊中的水卷走一部分再开机。

④ 如果印第一张出来后发现墨量过大，先停止开墨（把"墨开"置于常闭位置），可以多放些过版纸把墨辊中的油墨带走一部分，直到合适后再把"墨开"置于自动位置。也可直接用铜版纸把墨辊中的油墨卷走一部分再开。

⑤ 如果墨量过小，可在开机后直接开墨，传少量墨到墨路后再印刷。

（4）串墨辊调节

先开机观看串墨辊串动情况及串动量，然后停机，再松开偏心紧固螺钉，用手移动连杆调节，调整完要紧固螺帽，最后再开机察看效果。如果不理想，再重复以上操作进行调节。一般串动量要求在20mm左右。

教师先分任务示范操作并讲解操作要求与注意事项。然后学生按任务进行练习，教师指导。一个任务完成后再进行下一个任务。

每个学生练习上墨后要清洗墨辊，然后由下一个学生进行练习，轮流进行。本任务也可以不进行集中式训练，每次上课需要输水、输墨时可以安排学生进行练习。

任务知识

一、润版液基础知识

1.润版液pH值的控制

▶ 微信扫码 ◀
润版液泵吸和循环系统

控制pH值的意义：控制润版液的pH值是印版空白处生成亲水无机盐层并保持其清洁的必要条件。它对胶印油墨的转移效果影响很大，pH值过低或过高的润版液都不适宜用来润湿印版，否则会给印刷带来许多弊病。因此，为了有效地发挥润版液的作用，要学会定时测量和严格控制pH值的方法。

测定pH值的方法：试纸测定、指示剂测定、酸度计测定。

润版液pH值的控制：润版液的pH值过低，即酸性过强，印版表面会受到严重腐蚀，还可能影响油墨的传递和印迹的干燥；润版液pH值过高，即酸性太弱，会破坏印版的图文亲油层，引起油墨的严重乳化。对于光分解型的印版，润版液pH值过高，还会使图文部分的重氮化合物溶解，造成图文残缺不全。一般认为印版润版液的pH值为5～6。

2.润版液浓度的控制

润版液的浓度，一般以原液的加放量来计算（目前工厂实际应用最多的是粉末状的，可理解为原液）。实际生产中，一般都采用"事前估计"和"事后调整"的办法来掌握。

决定润版液加放量的因素：油墨的性质、油墨的黏度和流动性、图文墨层厚度、催干剂用量、版面图文结构和分布情况、环境温度、纸张性质、机器速度、印刷中原液的增减。

由于各种理化因素的影响，"事前估计"的原液加放量往往不够准确，还要根据印刷过程中版面、橡皮布及印刷品上的具体情况进行"事后调整"，实际也就是前面所讲的控制pH值。

（1）需要增加原液用量的场合

① 网点扩张、印迹模糊，层次合并不清晰；

② 空白部分有脏点，表现在咬口边的空白区有脏迹。

（2）需要减少原液用量的场合

① 网点面积小；

② 网点缩小或丢失而造成花版，层次不匀；

③ 金属串墨辊脱墨，版面严重泛黄。

（3）使用润版液的注意事项

① 配方不宜经常变动，否则会使操作人员不易掌握规律；

② 稀释时应使用量杯或天平，准确度量配比成分，注意清水纯度；

③ 稀释时应先放原液，后放清水，使之充分混合，否则相对密度不同，电解质可能下沉；

④ 润版原液尽量避免与印版直接接触，防止酸性过大损坏印版，尤其是含铬酸药水要绝对禁止入口，也尽量避免接触皮肤；

⑤ 机台换色印刷时，应在这一印件（色）还剩500 ～ 700张时，就将水斗中的润版液调整为下一件（色）所需要的浓度；

⑥ 防止润版液的蒸发和挥发，保持润版液的浓度恒定。

3.亲水胶体的使用

（1）亲水胶体的主要用途

① 停机时，用树胶涂布版面，版面干涸的树胶就使版面与氧气隔绝，防止版面氧化，便于保存印版。

② 当版面起油腻浮脏时擦涂树胶，能使版面立即除脏，恢复版面空白部分的亲水疏油性，提高版面图文的清晰度，而且无损印版。亲水胶体贮藏在版面砂眼内还能起吸水排油作用。

③ 印版表面的无机盐层，必须与胶体结合才能有较强的亲水性。将亲水胶体加入润版液中，补充损耗了的胶体层，巩固和稳定空白部分的亲水能力，并能减少润版液原液的用量，提高印版耐印率。

④ 印刷中，金属水辊表面容易挂墨上脏，除去墨脏后，涂布树胶液使之干涸，可提高金属水辊表面的亲水疏油性，使水均匀分布。

因此，在选择亲水胶体时，为了完成上述的作用，亲水胶体必须具备下列特征。

① 胶液不但是亲水的且是可逆的；

② 胶液呈弱酸性，对版面腐蚀性小；

③ 胶液具有强烈的吸附能力和亲水疏油性，对固体表面有良好的吸附活性；

④ 胶液在感胶离子的作用下，具有良好的凝结作用。

（2）常用亲水胶体及其性质

常用的亲水胶体有阿拉伯树胶、羧甲基纤维素等，其性质介绍分别如下：

① 阿拉伯树胶。阿拉伯胶是一种固体晶状物体，当它被泡在水中时，会吸水溶胀，最后成为一种黏状胶体溶液。把液状的胶体擦在印版上待水分蒸发后，胶液便由液体状态恢复到原来的固体状态吸附在版面上。其作用就在于胶液干燥后，覆盖于版面呈硬化胶膜，把印版与空气隔离开来，从而达到防止氧化起脏的目的。

阿拉伯胶含有阿拉伯酸，这种酸是很好的清除版面油腻的清洁剂，版面擦胶待干燥后其作用更大。

版面擦阿拉伯胶后，其胶液与版面无机盐层接触后，会形成一层更好的亲水膜，可提高版面的亲水性。

② 羧甲基纤维素。羧甲基纤维素（CMC）为无毒无味的白色絮状粉末，性能稳定，易溶于水，其水溶液为中性或碱性透明黏稠液体，可溶于其他水溶性胶及树脂，不溶于乙醇等有机溶剂。CMC可作为黏合剂、增稠剂、悬浮剂、乳化剂、分散剂、稳定剂、上浆剂等。

CMC是白色的粒状粉末，对金属印版有着强烈的吸附能力，其吸附能力超过阿拉伯树胶。

二、输水与输墨的条件

输墨条件：墨辊吸附油墨性能良好，墨辊之间存在一定的接触压力，接触良好。

输水条件：水辊具有良好的吸水性、润湿性，水辊之间接触良好。

1.墨量调节与控制

（1）墨量调节

墨量调节分为局部调节和整体调节。局部调节是通过改变墨斗片与墨斗辊间隙大小来控制，通过调节墨斗键来实现。整体调节是通过改变墨斗辊转角或转速来控制。

调节方法包括手工调节与自动控制。自动控制通过伺服电机来实现，墨斗片为分段式，墨斗辊转速通过直流电机实现无级调速。局部墨量控制原理如图1-19所示。通过电机5转动螺杆6，并通过旋转副7及连杆机构使偏心计量辊9转动，从而可改变计量辊9与墨斗辊1的间隙。

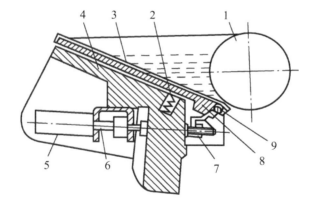

图1-19　局部墨量控制原理

1—墨斗辊；2—弹簧；3—涤纶片；4—墨斗；5—电机；
6—螺杆；7—旋转副；8—墨斗片；9—计量辊

在现代多色机中大都装有油墨自动控制系统，可实现油墨的初始化快速预调及印刷过程中的自动控制。其工作原理是用步进电动机取代手工调节，步进电动机通过电脑控制，从而可实现远距离遥控操作。一般在看样台上都设计有油墨控制面板，不必每次都上机台调节，其他基本与手工调节类似。

（2）油墨预置

油墨预置是指对油墨进行预先调节。油墨预置包括两个阶段：第一阶段为墨辊上墨，又称为预上墨；第二阶段为墨辊上墨后的预置，又称为墨量调节或油墨数据预调。

快捷准确的油墨预置能有效缩短试印刷调整时间，减少油墨和纸张浪费，提高生产效率。油墨数据的预置主要有四种方式：

① 机长依据样张或印版图文分布情况直接预调墨斗键数据和墨斗辊转速。这是最传统的油墨预置方式，准确度较差，与机长的操作经验和习惯有很大关系。

② 对于以前生产过并且存储了油墨数据的产品，直接在印刷机上调用就行了，这种方法准确度最高，但前提是以前印过并且存储了数据。

③ 使用印刷机厂家提供的读版系统（如海德堡的CPC3）扫描印版，生成油墨数据，通过存储设备或数据线传递给印刷机电脑，在印刷机上调用。这种方式准确度较高，但各印刷机厂商的数据不能通用。

④ 基于CIP3/CIP4协议的制作，印前，印刷软件及设备供应商制作的印刷文件，在拼完大版后能生成一个通用的油墨数据，通过网络直接传送给在线印刷机。这种方式准确度高、方便、快捷，且数据能通用。

单色机预上墨一般手动进行，直接用墨铲在墨辊上打墨，使墨辊上的油墨均匀一致。

多色机因有油墨遥控系统，一般不用手动打墨。预上墨时，将墨斗辊与墨斗键都开到最大，经过一定转数以后（可预先设置），墨辊上即涂上均匀的油墨，墨辊上墨结束。墨量调节是根据印版的吃墨量分布进行调节的，吃墨量多的地方开大些，吃墨量小的地方开小些。墨量整体调节根据版面油墨总量进行，印版总体墨量较大，整体调节开大些，反之开小些。但印版墨量整体较小时，局部调节也应都开小些，以免造成整体调节量过小。

（3）"墨开"与"墨停"

油墨能否从墨斗传到墨路中去是由"墨开"与"墨停"来进行控制的。"墨开"与"墨停"实质上就是通过控制传墨辊的摆动来实现的。传墨辊传墨如图1-20所示，图中左侧的圆代表墨斗辊。当按"墨开"时，传墨辊摆动，油墨通过传墨辊不断地从墨斗辊传到墨路中去。

▶ 微信扫码 ◀
传墨辊调节操作

图1-20　传墨辊传墨

当按"墨停"时，传墨辊停止摆动，油墨自然不能从墨斗中传出。如果每次合压印刷都需要手动去进行"墨开"与"墨停"，当然很不方便，所以人们就在印刷机上设计了一个联动功能。当合压印刷时，传墨辊可以自动传墨；当离压不印刷时，传墨辊自动停止摆动，不再传墨，从而实现自动控制。一般情况下，传墨辊应处于自动状态。

2.水量控制与调节

（1）水量调节

由于输水装置的多样性，各装置的输水控制与调节方法也不完全相同，但基本上有以下几种。

传统输水装置的水量控制原理与墨量控制原理相同，通过水斗辊的转角或转速大小实现整体水量调节。局部一般不能调节，但可人工做纸条（或用橡皮刮板）置于水斗辊上进行控制。

连续输水装置一般通过计量辊来控制，控制方法主要有两种：一是改变计量辊与水斗辊的间隙来控制（规范操作一般不用）；二是改变计量辊或水斗辊的转速来控制。局部水量一般不能调节。

（2）水量预置

由于水量调节一般没有局部调节，只有整体调节，故水量预置也就是水量整体预置。水量预置也分两个阶段，与墨量预置类似，不再重复介绍。

胶印机水路分为有水绒套型与无水绒套型，不同类型的水量预置值有较大差别。对于有水绒套型胶印机，如果水绒套干了，水辊预上水量较大，为了减少预上水时间，可以紧急加水或手工加水。如果水绒套较湿，贮水较多，就不用预上水。对于无水绒套的胶印机，因水路中不能存储水分，故预上水是必须的，但预上水量一般不用很多。

▶ 微 信 扫 码 ◀
尼龙套拆装

为了应对印刷的紧急加水需求，多色胶印机每色组一般都设有紧急加水按键，用于干水时的紧急加水及快速预上水操作。水量大小影响因素较多，具体在后文的水墨平衡中介绍。"水开"与"水停"原理同"墨开"与"墨停"原理类似，不再重复介绍。

三、供水供墨系统的结构与调节

胶印是利用油水互斥的原理来实现印刷的。由于胶印油墨的黏度较大，为保证印品墨层的均匀，其供墨方式采取长墨路系统供墨。在胶印印刷过程中，油墨传递一般是墨斗辊将油墨从墨斗中传出，传给传墨辊，然后匀墨辊把来自传墨辊的油墨延展成均匀的薄膜，再经着墨辊传递到印版上的过程。人们把油墨从墨斗输出，经传墨辊，一直传递到着墨辊，这一过程所经过的最短传递路线，称为墨路。油墨在墨辊间的传递，是由相邻两个墨辊上的墨层相接触，然后分离来完成的。下面，我们就以海德堡SM102为例进行讲解。

图1-21为海德堡SM102的供水供墨系统内部结构图。在输墨装置中的墨辊，匀墨辊、串墨辊、着墨辊的表面线速度都是相同的，墨斗辊和传墨辊例外。

图中上方为供墨机构，对其性能要求为：连续性和稳定性好，提供的油墨能适应印刷品的需要，既要符合图文能铺展油墨，又要符合一定的均匀

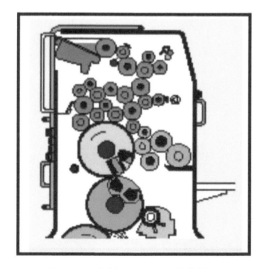

图1-21　海德堡SM102供水供墨
系统内部结构图

性。供墨机构由墨斗槽、墨斗辊、传墨辊组成。墨斗槽中存放油墨的多少是影响产品深浅的主要因素，对于墨斗的贮墨量，要保持相对的稳定，墨斗在旋转油墨时，也需要用墨铲勤搅拌。墨斗辊为陶瓷表面，并配置墨辊冷却系统，其作用为将油墨从墨斗槽中传出，传递给传墨辊，并调节油墨厚度。传墨辊的作用是利用自身摆动，把墨层均匀传递给匀墨辊。

匀墨机构主要由串墨辊、匀墨辊、重辊组成。匀墨辊是软质橡皮辊，其作用是依靠辊的周向运动传递和碾匀油墨。该图中的四只串墨辊由直径为85mm的硬质塑胶辊组成，主要做径向运动，其绕着自己的轴心作轴向串动，可在0～35mm范围内进行串动调节，完成轴向匀墨；同时，带动匀墨辊、着墨辊做旋转运动。胶印机一般有四根串墨辊，每根沿各自轴线来回串动，串动量与串动返回位置（串动相位）都可以调节。串动量调节一般是通过改变一个偏心机构的偏心距来实现的。串动量大小与轴向匀墨效果有直接关系，串动量越大，轴向匀墨效果越好，单个墨斗键的调控作用范围也就越大。串动相位用机器度数来表示，主要影响油墨在印版前后方向的均匀性。串墨辊可配置墨辊冷却系统，通常有黄、红、蓝、白四个颜色，颜色相同的代表直径相同，可互换使用。重辊的重量很大，整个供墨系统装上重辊后，能使匀墨辊的振动显著下降，并且能使匀墨辊和串墨辊之间可靠地接触，防止在机器高速运转情况下墨辊的跳动，保证供墨系统的稳定。当匀墨机构将墨斗槽传出的油墨打磨均匀后，最终通过着墨辊将油墨传递给印版。

墨辊清洗装置喷嘴、墨辊吹风和洗墨刮刀，构成了供墨系统清洗机构。当要对供墨机构进行清洗时，墨辊清洗装置喷嘴会喷出酒精对整个系统中的墨辊进行清洗，边清洗边利用洗墨刮刀将系统中的废墨刮掉，直至供墨系统的各墨辊被清洗干净，然后利用墨辊吹风快速将墨辊上的剩余溶剂吹干，防止溶剂对墨辊的腐蚀。

酒精润版系统的结构。最下方的为水斗辊，是独立的电子马达驱动，其作用为将水从水斗槽中传出。其上方为计量辊，通过辊间间隙可控制水膜的厚度，其表面为抛光镀铬；与印版接触的为润版辊，也叫着水辊，为印版提供水膜；其下方的为串水辊，它的表面为粗糙镀铬，它的作用是将水打磨均匀；水辊上方为中间辊，可以横向摆动，防止鬼影，快速达到水墨平衡。一般要求一个月对墨辊的压力进行调节并且对墨辊进行保养一次。胶印过程中水墨平衡是至关重要的一环，正确掌握水墨辊系统的结构与调节方法是保证胶印质量的关键。

四、水墨平衡控制与调节

1.油墨乳化现象

在印刷过程中，既要给印版上水又要给印版上墨，并且反复进行，水墨之间就不可避免地产生混合。由于水与墨是互不相溶的，因此，水与墨之间就会产生乳化现象。胶印油墨乳化是不可避免的。

如果水量过大，油墨乳化就会超过一定的程度，就会使印刷品墨色浅淡，甚至导致图文部分发虚。同时，油墨过度乳化会使油墨黏度下降，影响油墨在墨辊中的传递输入。在保证印版空白部分不起脏的情况下，要尽量减少水量，以降低油墨乳化程度。

影响油墨乳化的因素很多，简要说明如下：

① 油墨黏度越低，油墨越容易乳化；

② 油墨助剂一般能促进油墨的乳化；

③ 水量越大，油墨乳化越严重；

④ 油墨清洗剂与封版胶都能促进油墨乳化。

在清洗墨辊、橡皮布及印版时可以利用油墨乳化原理来提高清洗效率，即可使用油水混合乳化液来擦洗机器。

2.水墨不平衡的危害

水墨平衡是印刷合格产品的前提条件。水和油墨严重失去平衡，会引起一系列的弊病。

版面水分过小，会造成实地密度值的增加，导致图文、网点面积扩大或变形，严重时会导致糊版，空白部分起脏，印迹层次丢失，甚至面目全非，造成废品。

版面水分过大，墨膜表面沾留的水分就会增多，当达到一定量时，就会明显阻挠油墨的传输，还会使油墨中的含水量增多，油墨乳化加剧，从而造成浮脏、印迹色泽降低、干燥减慢、网点并糊、层次不清等故障。

所以，实际生产过程中，常通过观察版面，察看墨辊之间的积水状况，用墨刀铲墨判断油墨中的含水量，通过抖动纸张，查看印迹变化及衬纸的沾湿状况来判断水分的大小。这种事后调整的方法，在胶印印刷过程中是必不可少的。

3.水墨平衡影响因素及其控制

水墨平衡是指印刷过程中水量与墨量之间的平衡状态。印刷过程中水墨必须平衡，否则会导致出现印刷质量故障，使印刷无法继续。

影响水墨平衡的因素很多，水量变化、墨量变化、油墨黏度变化、环境温度变化、油墨乳化程度变化、印刷材料变化等都会导致水墨平衡产生变化。

水墨平衡的表现形式主要有墨小水小、墨大水大、墨稠水小、墨稀水大等。其中墨稠水小是较理想的一种水墨平衡形式，其他水墨平衡形式都不利于提高印刷品的质量。

控制水墨平衡就是要控制好水量与墨量，在印刷过程中尽量不要改变印刷条件与印刷环境因素，保证输纸正常。不要随意改变水量大小、墨量大小、印刷速度、油墨黏度、印刷材料中所添加的助剂，在印刷过程中还要做好"三勤"，即勤看样、勤看墨斗、勤看水斗。

当必须改变以上因素时，应同时控制调节水量或墨量，使水墨达到新的平衡，一般调节关系如下：

① 印刷速度增加，水量要减小；

② 油墨黏度降低，水量要增大；

③ 墨量增大，水量要增大。

4.水量大小鉴别与影响因素

单色机一般可通过观看印版表面反光程度来初步判断水量大小。在开机后先放水辊，观看印版表面反光程度，反光多，水量大，反之水量小。然后放下墨辊，再看印版反光程度以准确判断水量大小。

水量大小与下列因素有关：

① 版面图文面积越大，用水量越大；

② 印版砂目好，用水量少；

③ 纸张结构松、施胶度小、平滑度低，用水量大；

④ 油墨易乳化，用水量大；

⑤ 油墨稀，用水量大；

⑥ 机器速度慢，用水量大；

⑦ 环境温度高，用水量大。

对于多色胶印机，一般通过观看印刷品直接判断水量大小。

5.墨量大小鉴别与影响因素

单色机一般可通过观看墨辊接触线的墨量判断墨量大小；多色机只能通过观看印刷品判断墨量大小，用手触摸图文部分或用手指按压图文部分感知墨膜厚度来判断墨量大小。

墨量的大小主要由印版图文部分吃墨量决定，印版图文部分越深越密，需要的墨量就越大。另外，油墨的黏度与墨量大小也有一定关系，一般油墨稀，墨量要开小些。

注意：以上所指水量、墨量开大些或者开小些，是指水量、墨量调节数值的大小。

6.水墨平衡的控制措施

实现水墨平衡一般有以下三种控制措施。

（1）生产工艺方面的控制措施

强调和实现平版胶印过程中的规范化操作，首先是校准"三平""三小"，其次是做到"三勤"，再就是坚持"三恒"。

印刷前对纸张、油墨、润版液进行预测，使三者之间匹配、协调。实现印刷前、中、后全过程印刷质量测控数据化、标准化和规范化。出现质量问题及时发现、及时解决，把弊病消灭在萌芽状态。

（2）印刷材料方面的控制措施

印版必须有牢固的图文基础和空白基础，保持亲油和亲水相对稳定，且图文基础和空白基础要对印版版基有良好的吸附力。

挑选和使用更有利于实现最佳水墨平衡的印刷材料（纸张、油墨和润版液），以满足印刷适性的要求。

（3）印刷设备方面的控制措施

印刷设备的控制也可以改进水墨平衡，例如，改进胶印机的润版装置，由间歇式传水改为连续式传水，使之更有利于实现水墨平衡。

任务思考

1.简述墨量控制的基本原理。

2.简述单色胶印机上墨的方法。

3.如何进行墨量调节？

4.哪些因素可以促进油墨的乳化？

5.水绒套型胶印机如何进行水量预置？

6.水墨平衡的表现形式主要有哪几种？

7.控制水墨平衡的主要措施有哪些？

8.印刷用水量大小与哪些因素有关？

9.如何鉴别墨量大小？

◆ 任务练习

1.根据预设条件要求进行墨量预设。

2.根据具体预设条件进行水量预设。

3.根据条件判断墨量、水量供给是否符合印刷质量要求。

拓展测试

▶ 微 信 扫 码 ◀
判断题

任务四　校版操作

任务实施　校版

1.任务解读

校版就是改变图文在纸张上的位置，实现色与色之间的套准，校版的方法有拉版、借滚筒、调规矩、滚筒位置微调等。如何根据加工产品进行校版，首先要熟悉借滚筒操作、规矩调节，强化拉版操作。让学生熟悉校正印版的方法，正确选用校版方法，提高校版的速度与水平。

2.设备、材料及工具准备

曼罗兰700胶印机，印版一块，已印好第一色的印张1000张。

3.课堂组织

借滚筒：每次半小时，每人两次。

拉版：每次半小时，每人两次。

借滚筒与拉版校准印版各单独考核一次。每次30min内完成。超时即结束操作。

4.操作步骤

（1）借滚筒

通过借滚筒套校准其中一边。松开印版滚筒固定螺钉，判断调节方向，拉高印版滚筒向后逆时针调节，再拉低印版滚筒向前顺时针调节。调节前先记住原刻度值，调节后再紧固螺钉。调节扳手的旋向与印版滚筒的移动方向相一致。

具体操作步骤如下：

先松开三个印版滚筒固定螺钉→松开最后一个固定螺钉→看清原指针所指刻度→调节→紧固四个螺钉。

操作要求如下：

① 松开最后一个螺钉后不能再点动机器。

② 调节前先看清原刻度。

③ 拉高，刻度逆时针转，指针顺时针转，扳手逆时针转；拉低正好相反。

④ 借滚筒对印版在靠身与朝外的移动量是相等的，方向是相同的。故借滚筒只适合于两边需要同时拉高或拉低的情况。一般在调节量比较大或不能拉版时采用。

（2）调侧规

当来回方向套不准时，可以通过调侧规来纠正。调侧规实质上是调纸张，故印版调节方向与纸张调节方向正好相反，当印版图文需要向外调时，侧规应向靠机身方向调。

当调节量大于1mm时直接调节侧规距；当调节量小于1mm时，应使用侧规微量调节。顺时针调节，侧规向靠机身方向移动；逆时针调节，侧规朝外移动。转动一周大约移动1mm。当侧规移动量大于2mm时，一般还要对纸堆位置进行相应的调节，以防止纸堆与侧规距离不当造成侧规拉纸距离不合适出现来回走规现象。在调节侧规时还要记住同时调节侧规底板位置，不要让侧规侧挡板压在侧规底板上造成侧规不拉纸现象。

具体操作步骤如下。

侧规粗调：松开锁母→看清刻度→用螺丝刀轻轻敲打侧规→调节完毕→锁紧锁母→调节侧规底板与纸堆。

侧规微调：使用专用工具→顺时针转动向靠身调。

操作要求如下。

① 当调节量少于1mm时，使用侧规微调，侧规转一周约1mm。

② 粗调侧规超过2mm时，一般要同时调节纸堆来回位置，以确保纸堆与侧规的相对关系合适，使侧规拉纸距离在5mm左右。纸堆调节方向与侧规调节方向相同。

③ 每次调节侧规都要注意观察侧规侧挡板位置，不能压在侧规底板上。

（3）前规微调

当上下方向套印误差在0.5mm以内时，可以使用前规进行校准。

调节前规也是移动纸张，移动方向与拉版方向相反。如果印版图文要拉高，纸张应向前调；如果印版要拉低，纸张应向后调。纸张移动方向也就是前规调节方向，调节量每小格为0.1mm。调节时要注意靠身与朝外边的区别，不要搞混了。

（4）拉版

拉版方法与要求参见相关拉版实训项目。

以上各项操作教师先示范操作一次，然后由学生分别进行训练。

借滚筒、调规矩、拉版应分开单独进行训练，每人至少训练一次以上，拉版操作应训练两次以上。

第一次练习印刷白料，第二次练习在已印第一色的印刷品上套印第二色。

教师先印1000张单色样，学生套印第二色，只进行校版操作，不管其他方面的问题。

任务知识

一、确定图文在纸张上的位置的原则

① 有裁切线的，裁切线必须出齐。

② 有模切线的，模切线必须出齐。

③ 没有任何辅助线的，图文必须出齐。用原稿比对，原稿尺寸必须全部落在纸张内，原稿图案必须全部印出。

④ 凡是需要印后折页的，尽量使图文左右居中、上下居中，有利于折页。居中可以中线为依据判断，也可以页面空白边距为依据判断。对于不需要折页的，规矩线基本居中即可，并不强调严格居中。

⑤ 叼口水平，即左右十字线到叼口的距离相同。

二、改变图文在纸张上的位置的方法

1.拉版

拉版就是调节版夹的位置来改变印版在滚筒上的位置。主要拉版情形有以下几种：

① 两侧同时拉版；

② 单侧拉版；

③ 两侧反向拉版。

2.借滚筒

一般指改变印版滚筒与其传动齿轮的周向位置。借滚筒原理图如图1-22所示。具有四个长孔的滚筒传动齿轮通过四个螺钉与法兰盘连接起来，法兰盘与滚筒通过销联结在一起，松开螺钉，滚筒传动齿轮与法兰盘脱开，而后转动印版滚筒或转动齿轮都可改变印版滚筒相对于橡皮布滚筒的周向位置，从而实现借滚筒的目的。

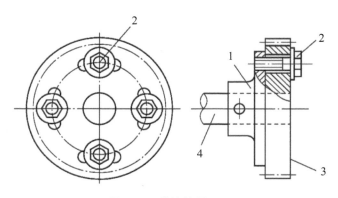

图1-22　借滚筒原理图

1—法兰盘；2—紧固螺钉；3—滚筒齿轮；4—滚筒轴

特点：周向两端变化量一致，且方向相同。

应用：主要用于平行版位调节或调节量较大时。

3.调规矩

调规矩指调节前规与侧规的位置来改变图文在纸张上的位置，实际上是移动纸张的定位位置来进行校版的，印版位置并没有变化。

纸张移动方向与印版移动方向相反，如果印版要拉高，纸张就应向下（前规向前调）；如果印版要靠机身，纸张就要朝外调（侧规朝外调）。通过前规调节来校版，其调节量最好要控制在3线以内，大于3线不应调节前规，以防前规歪斜，影响纸张定位。

调规矩在单色机中可用于校正色与色之间的套准，但在多色机中只能用于改变图文在纸上的位置，不能校正色与色之间的套准。

4.滚筒位置微调

滚筒位置微调指通过单独的伺服电机驱动版位调节机构，实现印版滚筒位置的少量改变。

一般可实现轴向与周向双向调节，有的机器还可进行对角方向调节，即斜向拉版功能。一般情况下，滚筒位置微调量不是很大。

（1）周向微调

原理：通过轴向拉动印版滚筒齿轮来实现周向版位微调。

调节量一般为±1mm。

（2）轴向微调

原理：通过直接拉动滚筒做轴向移动来实现。

调节量一般为±2mm。

（3）斜向微调

原理：有的机器是拉动印版滚筒做水平转动，使印版滚筒中心线与橡皮布滚筒不平行，不宜长期处于此状态；有的机器是不拉动滚筒，而通过拉动版夹一端的高低位置来实现，原理类似于手工拉版。

拉动滚筒的调节量一般为±0.2mm。

（4）滚筒位置微调注意事项

① 一般要在开机状态下调节；

② 尽量不要调到极限位置；

③ 换版前要复位（清零）；

④ 拉动滚筒的斜向调节不宜长期使用。

任务思考

1.如何确定图文在纸张上的位置？

2.什么是校版？校版方法有哪些？

3.借滚筒有哪些特点？主要应用在哪些方面？

4.调规矩校版与移动印版校版在方法与作用上有什么不同？

5.简述滚筒位置微调的原理与调节注意事项。

任务练习

1.根据借滚筒操作、规矩调节，强化练习拉版操作。

2.根据前规与侧规的调节原理，强化前规与侧规的调节练习。

3.根据具体的产品特点及机器性能，分组选择合适的调节方法进行调节，直至印出规范的印刷品。

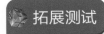
拓展测试

▶ 微 信 扫 码 ◀
选择题

任务五　试印刷

在低速下进行试印刷，调节压力、套准、水墨，以印出符合质量要求的印品。

▶ 微 信 扫 码 ◀
空转印刷机操作程序

▶ 微 信 扫 码 ◀
试印刷操作程序

任务实施

一、墨色调节（校色）

1.任务解读

熟悉墨色调节的方法，能在最短时间内调节好印刷墨色，进一步明白墨色调节的重要性及意义。

▶ 微 信 扫 码 ◀
自动卸版操作

2.设备、材料及工具准备

曼罗兰700胶印机，调墨色印版一块，四开纸若干。

▶ 微 信 扫 码 ◀
自动上版操作

3.课堂组织

墨色调节。最后根据墨色的均匀性及与样张的相符程度给分。

4.操作步骤

（1）操作流程

装版→预上墨→墨色调节→试印刷。

试印样张并观察以下内容：

① 对墨色的检查；

② 对规格尺寸的检查；

③ 对印迹网点的检查；

④ 对易产生弊病的部位进行检查。

（2）操作要求

在10min内完成墨色调节，正式印刷200张纸，要求墨色稳定均匀。每位学生至少训练3次以上。需采用油墨分布不均匀的印版进行练习。

教师示范操作一次，操作完成后调乱墨斗键，由学生重新进行墨色调节操作。墨色调节使用过版纸。调好后使用过版纸进行印刷，但每隔20张放一张白纸，共印10张白纸。印后把10张白纸取出进行墨色对比与分析，判断墨色的一致性与均匀性如何。

教师先印出1张墨色样张来，用于学生练习时的跟色。

二、印刷品质量分析

1.任务解读

熟悉印刷品质量分析方法，能正确识别常见印刷质量问题，熟悉常见质量问题的表现形式，提高对质量问题的识别能力与敏感度。

2.设备、材料及工具准备

印刷质量故障样张若干。样张靠平时收集保存成册。

3.课堂组织

印刷品质量分析。任抽5张样张，由学生分析，找出其中所有的质量问题。

所考核的样张事先不要让学生知道，要另外准备，其必须与练习用的样张在产品内容上不同。考核时单个进行，其他同学应当回避。最后要求学生写出《印刷质量分析实训报告》。

4.操作步骤

分析样张质量问题至少应包括糊版、水大、墨皮、纸毛、套印不准、图文不实、图文残缺、空白部分脏点、图文位置不当、叼口未水平、墨量过大、墨色不匀、图文模糊不清晰、皱纸、重影与条杠等项目。

任取1张样张，指出存在哪些质量问题，必须找出所有的质量问题。寻找质量问题时，先大致浏览一遍，找出其中的突出问题，然后再对照样张认真仔细校对，校对时不留死角，特别是文字部分要认真核对，判断是否有缺漏与差错。检查要全面，核对要仔细，不放过任何一个项目。初学时可以列出一个项目检查表，对照表逐一检查，以防遗漏。识别质量问题时，要注意相似质量问题的差异。

要求：质量问题名称准确，试样上所有问题都要指出。

教师先示范几张，然后由学生进行练习。每位学生练习一遍，学生一边练习教师一边指导。

任务知识

一、印刷压力调节

从胶印的工艺要求和机械结构分析，印刷压力有：输墨系统各墨辊之间以及墨辊与印版之间的压力；输水系统各水辊之间以及水辊与印版之间的压力；印版滚筒、橡皮滚筒、压印滚筒之间的压力。滚筒之间印刷压力的产生是在滚筒齿轮节圆相切的前提下，准确调整和确定滚筒的中心距后，用增加衬垫的方法来产生相互挤压的力。印刷压力对传墨量、印刷设备寿命和耐印力都有影响。

1.印刷压力的表示方法

（1）压缩量λ

如图1-23所示，压缩量λ值是指在压印过程中所有衬垫物所产生的最大压缩变形量，其单位为毫米（mm）。

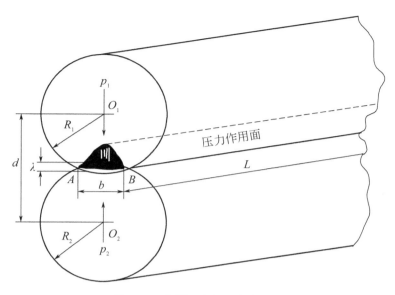

图1-23　印刷压力与压力作用面

（2）接触宽度b

在外力的作用下，滚筒表面的接触部位一般呈狭长的矩形弧面（或平面），叫做压印带。这个压印带的长度在正常印刷压力时不随印刷压力的变化而改变，但压印带的宽度b却随着印刷压力的增大而加宽。因此，我们把压印带的宽度称之为接触宽度。

对于圆压平型印刷机，其接触宽度$b=2\sqrt{2R\lambda}$，即$\lambda=\dfrac{b^2}{8R}$；对于圆压圆型印刷机，其接触宽度$b=2\sqrt{R\lambda}$，即$\lambda=\dfrac{b^2}{4R}$。式中R为齿轮节圆半径。

2.影响印刷压力的常见因素有

（1）油墨转移率对印刷压力的影响

图1-24是根据实验结果绘制的油墨转移率与印刷压力的关系曲线。

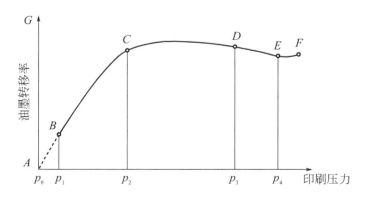

图1-24　油墨转移率与印刷压力的关系曲线

① AB段（又称空虚段），油墨转移量和压力均处于不足阶段。

② BC段（又称正比例段）。各个印刷面之间的粗糙度和不平度不能完全克服，受之影响，油墨的转移量难以保持恒定和相同的墨层厚度，部分印迹仍会给人空虚不实的感觉，这一段的压力略小。

③ CD段（理想压力段）。在这一段内，压力有所改变而墨量基本保持不变（即墨色恒定一致）。所以在实际工艺操作中，压力一般掌握在p_2—p_3的范围内较为理想，此段为墨量饱和段。

④ DE段（印迹铺展段）。压力过大，在过大的压力作用下，油墨的转移量反而减少。其主要原因是墨迹受压铺展，网点扩大变形，印迹面上中间墨层较薄，边缘墨层较厚。这时印迹轮廓不清，极易出现糊版现象，复制效果很差。

⑤ EF段（又称超压段）。在过大的压力作用下，使铺展的墨迹又较充分地反映出来，相当于印迹扩大了，所以墨量略有增加，但形成的印迹走样，不能忠实于原稿。

通过上述分析可知：印刷压力应严格控制在p_2—p_3之间。

（2）印刷压力与纸张平滑度的关系

平滑度低的纸张所需要的印刷压力要比平滑度高的纸张高，所以印刷粗糙的纸张时需要加大印刷压力，或者由薄纸改印较厚的粗糙的纸张时也要加大印刷压力。

（3）印刷压力与印刷速度的关系

印刷速度提高时有压力减轻的现象，密度值会减小，墨迹会变淡。所以，现代高速胶版印刷机的印刷压力往往高于旧式低速印刷机。

（4）印刷压力与印刷数量的关系

在印刷过程中，随着印刷数量的增多，印刷压力有所减小，如图1-25所示。因为压力作用下滚压一定时间，会使各种衬垫材料的弹性或多或少地失去而导致塑性变形，从而使印刷压力减小。

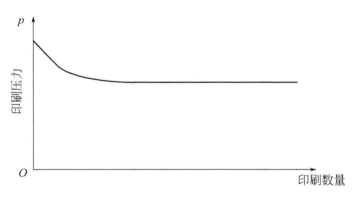

图1-25　印刷压力与印刷数量之间的关系

二、套印调节

彩色印刷或专色印刷的各单色印版按照印刷色序依次重叠或并列套合，最终成为和原稿基本相同的彩色印刷品的过程就是套印。要想使图像得到正确的再现，各单色图像必须准确地套印。

三、水墨平衡调节

胶印中最基本的印刷原理是利用油水不相溶、印版有选择性吸附的规律使油墨和水在印版上保持相互平衡来实现网点转移，并以此达到印刷品图像清晰、色彩饱满的效果。水墨平衡便由此而来。印刷版面上油墨和水必须同时存在、保持平衡，其目的是既保持图文印刷区最大的载墨量，使墨色鲜艳、饱和，网点清晰、光洁，又保持非印刷区高度干净整洁，这种供水量和供墨量的平衡关系称为水墨平衡。

水墨平衡是印刷合格产品的前提条件。水和油墨严重失去平衡，会引起一系列的弊病。

版面水分过小，会造成实地密度值的增加，导致图文、网点面积扩大或变形，严重时会糊版，使空白部分起脏，使印迹层次丢失，造成废品。

版面水分过大，墨膜表面吸附的水分就会增多，当达到一定量时，就会明显阻挠油墨的传输。版面水分过大，会使油墨中的含水量增多，油墨乳化加剧，会产生浮脏，造成印迹色泽降低、干燥速度减慢、网点并糊、层次不清等故障。

所以，在实际生产过程中，通过观察版面，察看墨辊之间的积水状况；利用墨刀铲墨，判断油墨中的含水量；抖动纸张，察看印迹变化及衬纸的沾湿状况来判断水分的大小。这种事后调整的方法，在胶印印刷过程中是必不可少的。

实现水墨平衡一般有三种控制措施，具体见本项目任务三任务知识第四部分。

⚙ 任务思考

1.印刷压力的作用是什么？
2.什么是水墨平衡？
3.胶印过程中实现水墨平衡需要采取哪些措施？
4.印刷过程中如何保证套印精度？

◆ 任务练习

1.在低速下进行试印刷，依次调节压力、套准、水墨平衡，印出符合质量要求的印刷品。

2.根据印刷过程中的抽样产品，对印刷质量进行分析和控制练习，并写出印刷质量分析报告。

拓展测试

▶ 微信扫码 ◀
选择题

▶ 微信扫码 ◀
判断题

任务六　正式印刷

任务实施

一、样张评判

1.任务解读

掌握主观评价法、客观评价法及综合评价法，并会利用这些方法对样张进行质量评价。

2.设备、材料及工具准备

密度计、放大镜、若干样张。

3.课堂组织

将学生分为几个小组，并进行编序。然后每组任抽5张样张依次进行主观评价、客观评价及综合评价，最后要求学生提交主观评价表格及客观评价数据，写出综合评价报告。

4.操作步骤

首先进行主观评价，包含的内容如下。

① 阶调（层次）再现的评判。

▶ 微信扫码 ◀
正式印刷

▶ 微信扫码 ◀
印品墨量自动检测

② 色彩再现的评判。

③ 清晰度再现的评判。

④ 主观质量的评判。

然后进行客观评价。对彩色印刷品质量中阶调（层次）再现的评判与控制主要利用密度测量及其数据处理和分析得到，测量内容如下。

① 墨区均匀性测量。

② 最佳实地密度。当印刷反差最大、网点扩大值合适时，该处的实地密度值就为印刷的最佳实地密度。

③ 网点扩大补偿。应用于印前制作过程中，对设备进行线性化。

而对彩色印刷品质量中色彩再现的评判与控制，有相当一部分也需要利用密度测量及其数据处理和分析，主要通过控制以下几个要素实现。

① 叠印率。确定最合适的印刷色序。

② 油墨显色范围（色域）。

最后结合主观评价和客观评价，写出综合评价报告（报告应包含相应的图表、曲线及数据）。

二、三勤操作

1.任务解读

了解三勤的定义并熟练掌握三勤的基本操作技能。

2.设备、材料及工具准备

罗兰700胶印机、油墨、润版液。

3.课堂组织

将学生分为每组五人，分别对胶印过程中的"三平、三勤、两小"技能进行训练。胶印"三平、三勤、两小"掌握水平的高低直接反映胶印工技术水平的高低。最后通过检查印样质量及观看学生的操作对学生进行综合评分。

4.操作步骤

首先，进行"三平"训练，分别调节水辊、墨辊和印刷滚筒，使三者在轴线方向平行。然后进行"两小"调节，要求在达到印刷质量的前提下，使用水量和用墨量达到最小。最后保持"三勤"训练，勤于搅拌油墨，勤于看样张，勤于看滚筒的水量。

任务知识

一、胶印基本原理

1.油墨乳化

现在先做一个小实验。在两个洁净的玻璃烧杯中先倒入一定体积的水，然后再滴加少量的油，待液面稍静止后，可以看到油浮在水面的分层现象，这就是大家所熟知的油水不相溶现象。接着，将一个烧杯强烈晃动，向另一个烧杯中滴加少量的表面活性剂，例如洗洁精或者肥皂水。过一小段时间后，待两个烧杯液面静止，会观察到未加入表面活性剂的烧杯里没有变化，而加入表面活性剂的烧杯中，油变成了微小粒子分散在了水中，这种现象称为乳化。将两种互不相溶的液体，借助乳化剂或机械力的作用，使其中一种液体以微小液珠的形式分散在另外一种液体内部时，就称该过程为乳化过程，形成的混合液为乳状液。在自然界中，乳状液是常存在的，如日常生活中用到的牛奶、豆浆等。而在胶印过程中，由于印刷压力的存在，油墨与润版液在接触时同样也会形成乳状液。

油墨为非极性物质，润版液为极性物质，根据相似相溶规律，结构相似的分子之间的作用力比结构完全不同分子间的作用力强，即结构相似的物质，互相间较易溶解，而油墨和润版液极性不同，故互不相溶。在胶印过程中，油墨和润版液存在四种辊隙状态，即如图1-26所示，着水辊与印版的空白部分、着水辊与印版的图文部分、着墨辊与印版的空白部分、着墨辊与印版的图文部分。在这四种辊隙状态下，要保持水相和油相的严格界限是不可能的。

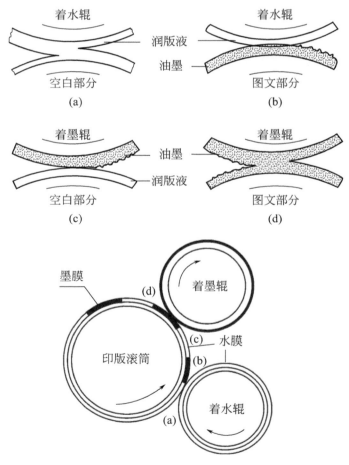

图1-26 一次着水着墨中四种辊隙状态

（a）着水辊与印版空白部分；（b）着水辊与印版图文部分；
（c）着墨辊与印版空白部分；（d）着墨辊与印版图文部分

润版液会在印刷压力的作用下以微小液珠的形式被强制压入墨膜内部，当压力撤销后，部分水珠会逸出墨膜内部，而剩余部分水珠会留在墨膜内部，形成轻微的乳状液形式。

乳状液包括两种类型：油包水型乳状液（W/O）和水包油型乳状液（O/W）（图1-27）。胶印过程中的乳状液由于印刷条件的改变，会形成不同状态的乳状液形式。

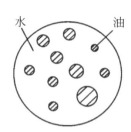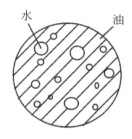

图1-27　油包水型乳状液和水包油型乳状液类型示意图

胶印的润湿液和油墨互不相溶，在墨辊、水辊、印版滚筒以及橡皮滚筒的高速剪切下，油相和水相间产生了相互作用，油墨被乳化。胶印中，着水辊、着墨辊与印版的空白部分、图文部分互相接触和滚压，墨辊之间互相接触和滚压，存在着四次乳化机会。

着水辊与印版图文部分接触，两者之间既有润湿液，也有油墨，两相并存。在着水辊与印版滚筒的强力挤压下，少量润湿液被挤入油墨，造成油墨的第一次乳化。供水量越大，挤入油墨的润湿液越多，油墨的乳化越严重，严重乳化会引起印刷品弊病，要设法避免。

着墨辊与印版空白部分接触，此时，印版空白部分已被润湿，两者之间也是润湿液与油墨两相并存。在着墨辊和印版滚筒的强力挤压下，少量润湿液被挤入油墨，造成油墨的第二次乳化。

着墨辊与印版图文部分接触，印版图文部分的墨膜上有润湿液微滴，也有前两次被乳化的油墨。着墨辊滚过印版图文部分时，润湿液的微滴被挤入油墨，造成油墨的第三次乳化。

着墨辊与其他墨辊接触，墨辊表面墨膜上有润湿液微滴，也有前面被乳化的油墨。墨辊互相滚压时，润湿液的微滴被挤入油墨，造成油墨的第四次乳化。

经过着水辊、着墨辊与印版的一次接触，即一个供水、供墨循环，产生了四次油墨乳化，印版的图文部分得到了含有润湿液的乳化油墨，再通过橡皮布转印到承印物上。实践证明，容易与水混合的油墨，容易乳化，油墨中含水量过高，易造成油墨的丝头过短，油墨从墨斗中很难输出，不适于平版印刷；难以与水混合的油墨，对水几乎是排斥的，很难乳化，被挤入油墨中的润湿液微滴会很快地又从油墨中离析出来，附在油墨表面而形成层水膜，妨碍油墨转移，使印刷品发花，也不能用于平版印刷；与水混合难易程度适中的油墨，能使润湿液的微滴分散在油墨之中，使油墨适量乳化，油墨传递性能良好，适宜平版印刷。

油墨乳化的特点：

① 油墨乳化不可避免。在有水胶印中，润湿液和油墨同时存在，且不相混溶；印刷过程中，油墨和润湿液总是互相接触；油墨和润湿液存在四种滚压或挤压：着水辊与印版图文部分、着墨辊与印版空白部分、着墨辊与印版图文部分、着水辊与印版空白部分。着水辊和印版空白部分的表面主要存在润湿液，与油墨部分接触时，部分水被压入油墨，形成油墨乳化。

着墨辊和印版图文部分的表面主要存在油墨，也有润湿液的微滴附着其上，这些微滴被压入油墨中，也形成油墨乳化。着水辊与印版图文部分、着墨辊与印版空白部分接触时，两者之间存在水墨两相共存现象，并且受到滚压或挤压，油墨乳化不可避免。

② 油墨乳化不可缺少。胶印中，乳化后的油墨黏度略有下降，流动性改善，有利于油墨转移。胶印有水存在，除去一部分在空气中挥发，一部分进入纸张外，另外的水也要有去处。如果没有乳化，多余的水会形成水滴附在印版油墨表面，造成局部不沾墨，使图文缺笔断画，或出现白斑；部分水滴逆墨辊而上，水越聚越多，在墨辊表面生成亲水层，造成墨辊脱墨。同样，如果没有乳化，微小的墨滴也会存在于水辊上，越聚越多，墨滴逆水辊而上，使传水性能下降，并污染润湿液。如果没有乳化，传墨性能变差，影响印刷质量。

2.选择性吸附

平版印刷中，为保证油墨的顺利转移，辊子和印版的各种固体材料必须有一定的表面自由能，它们必须能被润湿液或油墨润湿。油墨和润湿液必须是互不相溶而又可混合的，润湿液以微细的水滴分散在油墨中。平版的特点是图文部分和非图文部分几乎处于同一平面，印刷时着水辊先对印版上水，再对印版着墨。印版上非图文部分亲水，图文部分亲墨。水是极性分子，油是非极性分子。胶印就是利用油水不相溶的原理来区分空白部分和图文部分的。

自然界中结构相似的化合物其分子之间的吸引力也相近，所以具有相似结构的溶剂和溶质之间彼此才能互溶。例如：离子型或强极性化合物溶于强极性的溶剂中，而不溶于非极性的溶剂中；相反，非极性的物质只能溶于非极性的溶剂，而不溶于强极性的溶剂中。油和水不相溶是由它们的分子结构不同而决定的。极性分子具有正负电极，而非极性分子不具有电极，这样就出现了极性与极性分子相混溶，非极性与非极性分子相混溶，非极性分子与极性分子不相溶的相似相溶理论。

（1）吸附的基本原理

平版印刷中，水和油墨在印版表面共存，而且水与油墨通过对各自相亲和的金属表面的选择性吸附来达到印刷的目的，吸附作用在印刷中具有不可忽视的作用。液体与固体接触时，按照它们作用力的性质可分为两种形式：一种是物理吸附，另一种是化学吸附。

① 物理吸附。物理吸附主要是物质分子间的吸引力，例如印刷过程中传递油墨的印版表面吸附油墨的过程主要是物理吸附。这种吸附是可逆的和不稳定的。

② 化学吸附。化学吸附主要是由于分子间的化学键，它们之间由于电子的得失，原子重新排列。这种吸附是不可逆的单分子层，且不易吸附。印版的表面有一定的表面过剩自由能，可以吸附低表面张力的液体。如果单独利用亲油性好的金属做印版，虽然对图文部分非常有利，但空白部分被水润湿性差，印刷中容易沾染油墨，造成脏污。如果单独以亲水性好的金属做印版，虽然对空白区有利，但是图文的感脂基础层的吸附稳定性要受到极大的影响，使得耐印力降低。

因此需要在同一元素的金属版面上进行化学处理，改变金属版表面的性质，按需要把印版处理成空白区亲水，图文区亲油，使之在同一金属版面上实现润湿平衡。在反复的试验中得知，金属锌和铝既具有亲油性，又具有亲水性，只要处理合适，亲油和亲水的润湿平衡可以实现。为了改变金属版表面的性质和结构，使之在同一平面上构成图文区和空白区，一般采用物理和化学方法对版面进行处理。

（2）选择性吸附的印刷工艺措施

1）对版基进行处理

改变锌版（或铝版）基的表面结构，使表面形成砂眼。

① 砂眼的形成。在光滑的锌或铝版上，使其表面粗糙化、多孔化的工艺操作就是形成砂眼的过程。形成砂眼的方法有很多，一般有机械球磨法、电解法、喷砂法、刷子磨版法等，最常用的方法是球磨法和电解法。使版基表面形成砂眼是目前改变版材表面结构和物理性能的重要手段。

② 砂眼的作用。金属版面结构紧密、平滑无孔穴，水不易在表面铺展润湿，这样的表面无法制版和印刷，使其表面经粗化处理成砂眼，有下列作用：

a.扩大了印版的比表面积，增加了润湿条件和吸附基础。

b.产生了毛细管的作用，易于接受和储存作用于表面的液体。

c.增加了无数的吸附中心，使锌或铝版表面具备了既有亲油性又有亲水性的"两亲性"功能，形成了图文和空白的吸附基础。

d.增强了表面的自由能，活化了表面，为吸附的牢固性和稳定性创造了重要条件。

但版面砂眼的存在也有副作用，表现在：砂眼过粗会使网点残缺不全，影响图文层次和表现力；砂眼会减少版面承受摩擦的面积，降低耐磨程度；砂眼在酸性润版液的作用下，会受到损耗，降低印版的耐印力。

2）对版面进行处理

版面形成砂眼的处理，只完成了具备"两亲性"的条件。为了在版面上制成图文部分和空白部分，就需要用化学处理的方法来改变印版表面性质。图文部分的化学处理首先用酸性腐蚀液进行前腐蚀，在金属版面进行化学加工处理。其目的是为涂布感光树脂创造牢固的吸附基础。实践证明，锌版和铝版表面与空气接触，特别是在潮湿的空气中，会在表面生成一层氧化膜，这些自然形成的氧化膜结构疏松，不耐酸和碱。如果将感光树脂涂布在具有这种氧化膜的金属表面上，由于金属版表面的自由能减弱，势必会影响感光树脂吸附的稳定性。在显影、腐蚀等处理过程中，就会造成感光液膜层的脱落，图文和空白部分就不能在指定的位置和规定的面积内再现前腐蚀的作用，即除去氧化膜，使金属原子的物理性质和化学性质显示出来，增强表面的活性和自由能，更进一步扩大比表面积，从而增加对感光膜层的吸附性。

3.润湿原理

印刷过程是油墨从印版向承印物表面转移的过程。始终保持油墨传输和转移的稳定、均匀和适量，是获得高质量印刷品的保证。影响油墨转移的因素很多，包括承印材料的表面特性和状况、印刷油墨的流变特性、印版的材质和图文形式、印刷机的类型和结构、印刷的压力和速度等。

物体表面上的一种流体被另一种流体取代的过程即为润湿。印刷中，油墨转移到墨辊上，从墨辊转移到印版上，从印版转移到橡皮布上或直接转移到承印物上；润湿液转移到水辊上，从水辊转移到印版上，这些过程是润湿过程。在一般的生产实践中，润湿是指固体表面上的气体被液体所取代的过程。固体的表面被液体润湿后，便形成了"气-液""气-固""液-固"三个界面。通常把有气相组成的界面叫作表面，把"气-液"界面叫作液体表面，"气-固"界面叫作固体表面。

印刷中，油墨或润湿液必须取代各个印刷面上的空气，将固体表面转变为稳定的"液-固"界面。改善油墨和印刷面的润湿性能，优化油墨传输，增强润湿液对印版空白部分的润湿性，防止版面沾脏，是润湿的主要任务。润湿是固体表面结构与性质、固液两相分子间相互作用等微观特性的宏观表现。润湿作用是油墨传输和转移的理论基础，是提高印刷材料的印刷适性，进行印刷新材料、新工艺研究的理论依据。

（1）表面张力与表面过剩自由能

表面张力与表面过剩自由能是描述物体表面状态的物理量。液体表面或固体表面的分子与其内部分子的受力情况是不相同的，因而所具有的能量也是不同的。如图1-28所示，液体内部分子被同类分子包围，分子的引力是对称的，合力为零。液体表面分子受内部分子引力和外部气相分子引力，因为液相的分子引力远大于气相的分子引力，合力不为零，且指向液相的内侧。液体表面分子受到的拉力形成了液体的表面张力。相对于液体内部所多余的能量，就是液体的表面过剩自由能。由于表面张力或表面过剩自由能的存在，没有外力作用时，液体都具有自动收缩其表面成为球形的趋势。

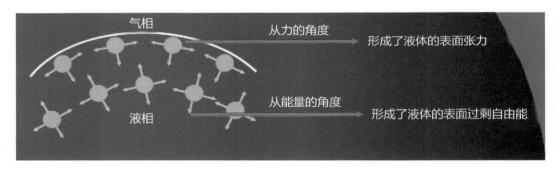

图1-28　表面张力示意图

表面张力的量纲是（力/长度），常用的单位是N/m（牛顿/米）。对于某一种液体，在一定的温度和压力下，有一定的表面张力。随着温度的升高，液体分子间的引力减少，共存的气相蒸汽密度加大，所以表面张力总是随着温度的升高而降低。所以，测定表面张力时，必须固定温度，否则会造成较大的测量误差。

在恒温恒湿条件下，增加单位表面积表面所引起的体系自由能的增量，也就是单位表面积上的分子比相同数量的内部分子过剩的自由能，因此，也称为比表面过剩自由能，常简称为比表面能，单位是J/m^2（焦耳/米^2）。因为$1J=1N \cdot m$，所以，一种物质的比表面能与表面张力数值上完全一样，量纲也一样，但物理意义有所不同，所用的单位也不同。

固体表面与其内部分子之间的关系和液体的完全相似，只是固体表面的形状是一定的，其表面不能收缩，因此固体没有表面张力而只有表面自由能。当油墨的表面张力小于承印物的表面自由能时，油墨能够润湿承印物，为印刷创造了必要的条件；反之，在低表面自由能的表面印刷，例如塑料，油墨不容易润湿承印物，这时需要对承印物表面进行处理或改性后才能够正常印刷。

（2）液体在固体表面的润湿条件

当液-固两相接触后，固体自由能的降低即为润湿，也即液体分子被吸引向固体表面的现象。液体完全润湿固体必须满足一定的热力学条件，如果在一个水平的固体表面上放一滴液体，除了重力之外，还有表面张力的作用。印刷中的润湿均为液体在固体表面的润湿。固体表面的润湿分为沾湿、浸湿和铺展三种类型，如图1-29～图1-31所示。

1）沾湿

沾湿是液体与固体接触，将气-液界面与气-固界面转变为液-固界面的过程。如图1-29所示，G、S、L分别表示气相、固相、液相。沾湿过程中，液体表面自由能γ_{LG}和固体表面自由能γ_{SG}被新形成的液-固界面自由能γ_{SL}取代。设固-液的接触面积为单位值，在此过程中，体系自由能的变化是：

$$\Delta G = \gamma_{SL} - \gamma_{LG} - \gamma_{SG}。$$

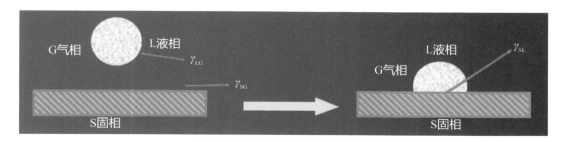

图 1-29　沾湿示意图

印刷生产中，润湿液能不能附着在平版的图文表面而阻碍油墨的传递？油墨会不会附着在印版的空白部分造成蹭脏？这些问题都是沾湿问题。

2）浸湿

浸湿是将固体浸入液体中，气-固界面被液-固界面取代的过程。如图1-30所示，G、S、L分别表示气相、固相、液相。在此过程中，液体表面没有变化。

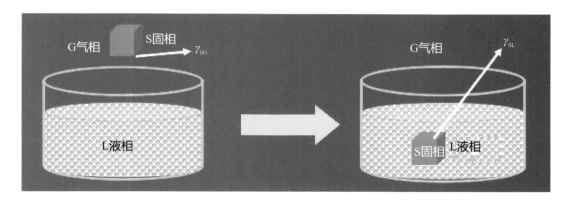

图 1-30　浸湿示意图

浸湿过程中，固体表面自由能γ_{SG}被新形成的液-固界面自由能γ_{SL}取代。设浸湿面积为单位值，在此过程中，体系自由能的变化是：$\Delta G=\gamma_{SL}-\gamma_{SG}$。

在凹版印刷中，雕刻有图文的印版滚筒浸在油墨槽中，油墨应浸满网穴；在柔性版印刷中，雕刻有网纹的网纹辊浸在油墨槽中，油墨应浸满网纹。这些性能和浸湿有关。

3）铺展

铺展是液体在固体表面上扩展时，气-固界面转变为液-固界面，液体表面也扩展的过程。如图1-31所示，G、S、L分别表示气相、固相、液相。

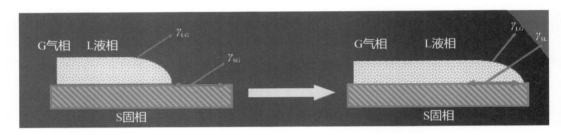

图1-31　铺展示意图

γ_{SG}是铺展过程发生前的固体表面自由能，铺展过程中，固体表面自由能γ_{SG}被新形成的液-固界面自由能γ_{SL}和液体表面自由能γ_{LG}取代。设铺展面积为单位值，在此过程中，体系自由能的变化是：$\Delta G=\gamma_{SL}+\gamma_{LG}-\gamma_{SG}$。

综上所述，在恒温恒压下，三类润湿过程发生的条件如下。

沾湿：$\Delta G=\gamma_{SL}-\gamma_{LG}-\gamma_{SG}\leqslant 0$

浸湿：$\Delta G=\gamma_{SL}-\gamma_{SG}\leqslant 0$

铺展：$\Delta G=\gamma_{SL}+\gamma_{LG}-\gamma_{SG}\leqslant 0$

从这三类润湿发生的条件可以看出，对同一个体系来说，若液体能在固体表面铺展，就一定能沾湿和浸湿固体。

（3）接触角与润湿方程

实际上，润湿过程发生的条件判据中，只有γ_{LG}可以通过实验直接测定，上述的判据具有理论意义。润湿类型的判据要依靠接触角和润湿方程。

① 接触角。液滴在平滑的固体表面处于平衡状态时，在固、液、气三相的交界液-固界面和气-液界面切线的夹角叫接触角，用θ表示，如图1-32所示。接触角θ越小，润湿性能越好，液体在固体表面铺开越平。通常把$\theta=90°$作为润湿与否的界限，$\theta<90°$为能润湿；$\theta\geqslant 90°$为不润湿；$\theta=0$为完全润湿，液体在固体表面上铺展；$\theta\geqslant 180°$为完全不润湿。一般称$\theta<90°$的固体为亲液固体，$\theta>90°$的固体为憎液固体。

测量接触角常用的方法有角度测量法和长度测量法。在交界点处作切线，再用量角器测量，测接触角值。也有专用的接触角测量仪，用测量仪可以准确地测出接触角值。

② 润湿方程是托马斯·杨（T. Young）在1805年提出来的。托马斯从三相交点处张力平衡的概念出发，提出了定性的关系式，如图1-32所示。

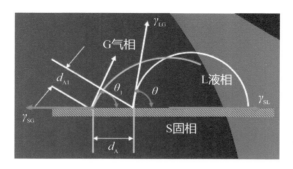

图 1-32　三相交点受力平衡示意图

在平衡条件下，$\Delta G=0$，可以得到 $\gamma_{SG}-\gamma_{SL}=\gamma_{LG}\times\cos\theta$，式中 γ_{SG}、γ_{SL}、γ_{LG} 分别表示固体表面、固 - 液界面、液体表面的表面张力。在液滴接触物体表面处画出液滴表面的切线，这条线和物体表面所成的角叫做接触角，用 θ 表示，如图 1-33 所示。

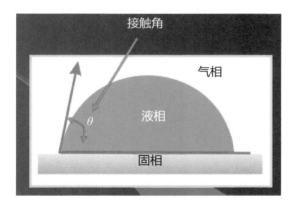

图 1-33　接触角示意图

任何物体表面对于液体的润湿情况都可以用接触角进行衡量。由上式导出式可得，若 $\theta=0$，即 $\cos\theta=1$，则 $\gamma_S+\gamma_L=\gamma_{SL}$，则液体能在固体表面铺展。通常我们将 $\theta=90°$ 作为润湿与否的界限，当 $\theta>90°$ 时，叫做不润湿；当 $\theta<90°$ 时，叫做润湿。图 1-34 所示为接触角与润湿种类关系示意图。角度测量就是通过放大或直接观测的方法，观测界面处液滴或气泡，θ 角越小，润湿性能越好；当 $\theta=0$ 时，固体被完全润湿。

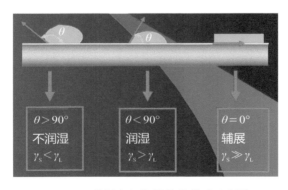

图 1-34　接触角与润湿种类关系示意图

4.水墨平衡

目前，胶印（有水胶印）离不开水和油墨，印版上的水分过多或过少，油墨过多或过少都会直接影响印刷质量和印刷的顺利进行。

印刷过程中，如果增加润湿液量，就可能使版面水分过大，导致印刷品出现花白现象，甚至出现"水迹"，使印迹发虚，油墨严重乳化，墨色深淡不匀。与此同时，纸张的变形量增大，图文套印不准，还会沾湿滚筒衬垫或使滚筒壳体锈蚀等。如果减少润湿液量，就可能使版面水分过小，引起脏版，甚至"糊版"。墨量过大，会导致网点扩大严重，层次并级，糊版，墨雾严重，不易干燥，易蹭脏等；墨量过小，会导致墨色浅淡，图文部分墨迹不全。

因此，胶印中润湿液和油墨的供给量必须适中。在不引起版面起脏的前提下，一般要求使用最少的水量，达到水量和墨量的平衡。

（1）相体积的水墨平衡

胶印同时有油墨和水存在，油墨的乳化不可避免，结果是水的微滴分散在油墨中，生成油包水型的乳化油墨。在一定的印刷速度和印刷压力下，调节润湿液的供给量，使乳化后的油墨所含润湿液的体积百分比在15%～26%之间，形成轻微的W/O型乳化油墨，以最少的供液量与印版上的油墨抗衡，这就是以相体积理论为基础的水墨平衡。

相体积水墨平衡的核心是以最少的供液量与印版上的油墨抗衡。只要不脏版，润湿液越少越好，有利于提高印刷质量。胶印中切忌"水大墨大"，即墨大加水，水大加墨。水的存在对印刷质量影响很大：影响网点、阶调再现性；影响墨色和光泽度；影响套印准确性；影响印版耐印力；增加污染。油墨乳化不可缺少是从水必须有去处和有利于油墨转移的角度考虑的。

如果油墨中润湿液的含量在15%以下，只要不影响油墨的转移，对印刷品的饱和度、光泽度是有好处的。一般情况下，油墨中润湿液的含量在15%以下或更低，是难以与水混合的油墨，斥水性强，难以乳化，即使暂时把润湿液微滴挤入油墨中，也会很快地又从油墨中离析出来，附在油墨表面而形成一层水膜，妨碍油墨转移，使印刷品发花。

如果油墨中润湿液的含量在26%以上，油墨乳化严重，还可能形成O/W型乳状液。如果采用树脂型油墨，抗水性能增加，所形成的乳状液都是W/O型的，除非供给印版的水量过大，才会形成O/W型乳状液。

实验证明，正常印刷时，印版上油墨中的润湿液含量在16%以上，当润湿液含量达到21%时，油墨的传递性能很好，能得到质量优良的印刷品。因此，油墨所含润湿液的体积百分比要控制在15%～26%之间，胶印中，印版空白部分始终要保持一定厚度的水膜才能使印刷正常进行。水膜越厚，油墨中的含水量越大。

（2）能量的水墨平衡

润湿液和油墨互不相溶，两相之间应存在一条分界线，使水墨互不侵入，这样就达到了静态的水墨平衡。实际上，这种静态平衡在印刷中无法实现。但是，可以从润湿液和油墨的表面能量理论出发，找出水墨互不侵入关系，达到水墨平衡。

图1-35是润湿液表面张力和油墨表面张力间的静态平衡关系图。平版空白部分表面有润湿液，图文部分附着油墨。设润湿液表面张力为γ_w，油墨表面张力为γ_o，若$\gamma_w > \gamma_o$，如图（a）

所示，在扩散压的作用下，油墨将向润湿液一方浸润，使印刷品的网点扩大、空白部分起脏。若 $\gamma_w < \gamma_o$，如图（b）所示，在扩散压的作用下，润湿液将向油墨一方浸润，使印刷品上的小网点、细线条消失。若 $\gamma_w = \gamma_o$，如图（c）所示，界面上的扩散压为零，润湿液和油墨在界面上保持相对平衡，互不浸润，这是润湿的理想状态。

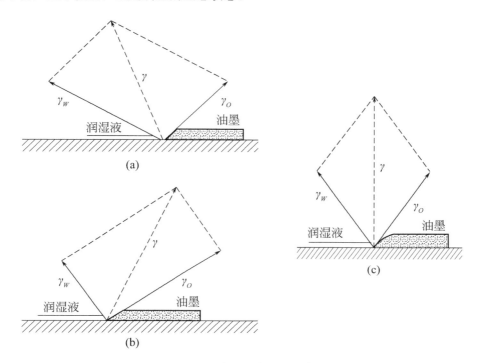

图 1-35　油水交界点受力示意图

润湿液和油墨的表面张力相等，两者互不浸润，这就是以能量理论为基础的水墨平衡。

要达到静态水墨平衡，润湿液和油墨的表面张力应相等，油墨的表面张力在（3.0 ～ 3.6）$\times 10^{-2}$N/m 的范围内，润湿液的表面张力也应在这个范围内。

润湿液在印版空白部分铺展，必须满足：$\gamma_{SL} + \gamma_{LG} - \gamma_{SG} < 0$。

γ_{SG} 为印版空白部分的表面过剩自由能，一般为（7.0 ～ 9.0）$\times 10$J/m^2；γ_{LG} 为润湿液的表面张力；γ_{SL} 为润湿液和印版空白部分之间的界面张力。

γ_{LG} 越小，润湿液的铺展性能越好，即用较少的水量能实现胶印的水墨平衡。若润湿液表面张力过小，润湿液将向油墨一方浸润，使印刷品上的小网点、细线条消失。在实际印刷中，胶印的水墨平衡是在动态下实现的。润湿液的黏性低，流动性好，对油墨的侵入性强，动态下对外力响应迅速。油墨的黏性和黏度高，内聚力大，流动性差，不容易侵入润湿液。因此，润湿液的表面张力要略大于油墨的表面张力。此时，油墨的浸润性强一些，润湿液在外力作用下，产生额外的浸润性。在动态下，两者在界面上保持相对平衡，互不浸润，有利于实现水墨平衡。润湿液的表面张力一般为（4.0 ～ 5.0）$\times 10^{-2}$N/m。

（3）场理论的水墨平衡

水分子的结构不对称，是极性很强的分子。水能够导电，可认为水具有金属导体在电结构方面的特点，即具有自由电子。当水不带电也不受外电场的作用时，水中的负电荷和正电荷相互中和，整个导体都是中性的，水分子排列也杂乱无章。若将该导体放入静电场中，静电场将驱使导体内的自由电子在其内移动，从而使导体内正负电荷重新分布，结果使导体的一端带正电荷，而另一端带负电荷。水分子也是一样，放入静电场中，杂乱无章的水分子按其正负有序地排列起来，在其周围形成一个"场"。这个场使水分子之间的引力增强。平版的非图文部分经过了很好的亲水处理。如阳图 PS 版，非图文部分有亲水性良好的 Al_2O_3（氧化铝）膜，当着水辊把经过静电场强化处理的水传递到印版的非图文部分时，水很快地附着在上面，并在非图文部分形成一个场。在场的作用下，水分子相互之间的引力增大。因此，水和油墨在接触过程中，非图文部分的水很难浸入油墨中，油墨也很难浸入非图文部分的水中，形成分界线，达到水墨平衡。

二、印刷质量标准

1.印刷品质量基本标准

① 套印准确；
② 墨色均匀一致，基本符合样张要求；
③ 同批产品颜色基本一致；
④ 印刷品空白部分没有多余的脏点，版面整洁干净；
⑤ 印刷品图文部分没有墨皮、墨渣、纸毛等脏点及刮花、拖花现象；
⑥ 图文清晰，实地结实。

2.文字类印刷品质量标准

文字清晰，无缺笔断画，实地密度达 1.0 以上，墨色均匀，字不糊，空白处无多余脏迹、墨点。墨色均匀一致，正反面墨色一致。无脱点、脏污、破页、糊版。签张颜色统一。

3.网纹类印刷品质量标准

网纹类印刷品分为精细印刷品与一般印刷品。
① 实地密度。网纹类印刷品实地密度如表 1-2 所示。
② 2% 小网点能再现精细印刷品，3% 小网点能再现一般印刷品。
③ 层次清楚，高、中、低调分明。
④ 套印误差小于 0.1mm（精细印刷品）或 0.2mm（一般印刷品）。
⑤ 网点清晰、光洁，网点扩大符合标准。
⑥ K 值。黄色 0.25 ~ 0.35，红、蓝、黑色 0.35 ~ 0.45。
⑦ 同批实地密度允许差：蓝、红小于 0.15，黑 0.2，黄 0.1。
⑧ 版面干净，无明显脏迹。
⑨ 接版色调基本一致，接版尺寸误差小于 0.5mm（精细印刷品）或 1mm（一般印刷品）。
⑩ 玫瑰纹不明显。

表1-2 印刷品实地密度

色别	精细印刷品实地密度	一般印刷品实地密度
Y	0.85～1.10	0.80～1.05
M	1.25～1.50	1.15～1.40
C	1.30～1.55	1.25～1.50
K	1.40～1.70	1.20～1.50

4.实地类印刷品质量标准

实地色块结实，无发虚模糊现象。油墨量大小合适，不产生过底、拖花及刮花现象。墨色均匀，无明显深浅变化，无明显条杠。墨量充足厚实。实地结实，无白点、发花、发虚、纸毛、斑点、墨点等缺陷。

三、印刷质量检测与评价

1.印刷质量检测

印刷质量检测方法有目测法、放大镜观察法、密度测量法、光度计测量法、检测控制条法、检测印刷品法。

（1）目测法

目测法是指用眼睛直接看，这是印刷质量检测的主要方法与常用方法，可以判断各种印刷质量问题。目测必须在光线充足的地方进行，项目主要有套印是否准确，墨色是否符合样张要求，印刷品上是否有脏点、墨皮、纸毛、干水、糊版、水大等质量问题。

（2）放大镜观察法

放大镜观察法是用放大镜进行观察，主要用于观看套准误差、网点情况等。放大镜倍数一般为10倍。

（3）密度测量法

密度测量法是指用反射密度计进行测量，主要是确定油墨实地密度大小、网点百分数等。密度测量是数据化管理的基础。

反射密度计工作原理如图1-36所示。油墨密度与墨层厚度有关，一般墨膜越厚，密度越大，但当墨厚达到一定值后密度不再增大。墨膜密度还与干湿状态有关，墨膜干燥后密度会降低。

（4）光度计测量法

光度计测量法是指用光度计进行测量。由于密度计测量的是密度值，密度不能准确反映颜色信息，为更准确计量与表示颜色信息，只能使用光度计进行色度测量。

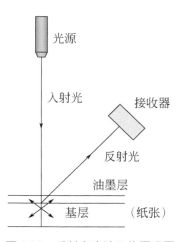

图1-36 反射密度计工作原理图

（5）检测控制条法

检测控制条法是指通过检测印刷质量控制条确定印刷质量的方法。一般是在印刷品叼口或拖梢处横向排列印刷质量检测控制条进行。印刷质量检测控制条是专门设计的用来检测与控制印刷质量的一些特殊色块，简称测控条。在印刷中常用的测控条有 GATF 测控条、布鲁纳尔测控条、网点梯尺等。

布鲁纳尔测试测控条的组成如图 1-37 所示。

图 1-37　布鲁纳尔测控条

1—实地段；2—50% 方形粗网段；3—50% 细网段

第一段（实地段）：供测量实地密度值使用。

第二段（50% 方形粗网段）：由 1 线 /mm 的 50% 方形网点组成，观察其搭角情况，角搭不上，说明晒版晒浅了或印刷中花版了；角搭多了，说明晒版晒深了或印刷中网点扩大过多。

第三段（50% 细网段）：这一段内容组成较复杂，通过它的粗细结构可控制晒版及印刷品的其他指标，与中间分隔线相邻的部分由 6 线 /mm 的 50% 的网点组成。

（6）检测印刷品法

检测印刷品法是指直接检测印刷品来确定印刷质量的方法。此法主要通过扫描确定印刷品漏印、墨皮纸毛、糊版、墨色变化等质量故障。

2.印刷质量评价

印刷质量评价方法有主观评价、客观评价与综合评价三种。

主观评价是指以原稿为评价基础，对照样张，根据自己的主观看法做出的评价，这种评价因人而异，很难有统一的结论，不利于数据化管理。

客观评价是指通过仪器测量印刷品的相关参数，并进行定量分析，结合印刷质量标准做出评价，此法稳定性好，有利于数据化管理。

综合评价就是以主观评价与客观评价相结合的评价方法。

3.印刷质量控制方法

印刷质量控制内容包括版面洁净度、墨色均匀度、套印准确度、质量稳定性、网点虚实、实地密度、网点增大等。

（1）墨色调节方法

墨色调节又称为校色，是印刷过程中控制印刷质量的主要手段，也是印刷操作中的重要内容。墨色调节就是要让印刷品的墨色达到印刷质量标准、符合样张要求。墨色调节的基本要求就是实地密度符合标准，墨量不能过大或过小，墨色均匀一致，即同一张印刷品墨层厚度处处相同。

控制墨色就是要经常抽样检测，发现墨色偏差马上进行相应调节。由于油墨调节的滞后性，故调节后必须经过一定印数后才能再抽样检测判断，调节频率不能太快。一般而言，印刷品吃墨量越大，墨量调节的效果反应越快，相反印刷品吃墨量越小，墨量调节反应也越慢。

（2）墨皮预防与处理方法

墨皮是油墨干结后所产生的硬块。印刷过程中，墨皮的来源主要有以下几方面：

① 装墨时油墨本身墨皮未去干净；

② 墨辊未洗干净导致墨皮残留；

③ 印刷时油墨干燥过快导致结皮；

④ 水辊中的墨皮转移到墨辊中来。

其中最常见的原因就是在印刷过程中油墨干燥过快导致结皮，有时调机时间过长、中午休息时间过长、天气温度过高等，都会导致墨辊与墨斗中的油墨结皮。

▶ 微信扫码 ◀
铲墨皮操作

因此，预防措施主要是在停机休息时要适当向墨辊上喷些止干剂，如果墨斗辊上油墨结皮，应清洗干净墨斗后再开机印刷。另外要注意的是，装墨时要去净墨皮，洗机时要洗干净墨辊与水辊。

墨皮一般都黏附在印版上，从而导致印刷品出现深色墨点，并且墨皮一般不会自动消失。因此，处理墨皮必须要把墨皮从印版上刮去，一般停机后擦掉就行了。高速胶印机配有不停机铲墨皮机构，不用停机就将墨皮清理掉。但当印刷品出现大量墨皮时，一般要重新洗机后再上墨印刷。墨皮最常出现在实地色块处，实地印刷更应注意预防墨皮出现。

（3）纸毛纸粉预防与处理方法

纸毛纸粉是纸张拉毛脱粉后在印刷品上所形成的白点。纸张拉毛脱粉是导致印刷品产生纸毛现象的根本原因，因此预防纸毛故障就是要选用高表面强度的纸张，降低油墨黏性，减轻纸张拉毛现象。

纸毛一般都黏附在橡皮布上，并且纸毛一般黏附时间不长就会被卷到墨辊中去。因此，纸毛故障一般不会在印刷品上停留很长时间，印过几张后就会自动消失，一般不用专门处理。但经常出现纸毛或者大面积出现纸毛现象就应当采用一定措施进行处理，否则印刷品废品率会大大上升。

消除纸毛现象的处理措施主要是减少用水量、提高纸张表面强度、降低油墨黏度与黏性、降低印刷速度、多擦洗橡皮布等。如果可以的话，在印刷之前先对纸张进行一次预先脱粉除毛处理，即先空压一次，以减轻正式印刷时纸张脱粉拉毛现象。

（4）供水少引起糊版的预防与处理

糊版故障是指网点或线条边沿模糊不清。出现糊版最主要的原因就是水量偏小。油墨适当的前提下，要重点控制好水量。预防糊版就是要对印刷的用水量进行预测，提前防范糊版。

对于以下情况，一般要提前做好预防：

① 水量开得过小，时间过长，水量不足。

② 停机后重新开机印刷时，一般要适当加水。停机时间越长，水辊中水量消耗越多，印刷时加水也应越多。

③ 印刷机空转会消耗水量，重新印刷时要加水，空转时辊中水量消耗越多，印刷时加水就越要多些，因此印刷机尽量不要空转。

④ 印刷速度由高变低后应适当开大水量，速度越低，水量消耗越多。

在下述情况下要加水再印刷：

① 水辊未预润湿或预润湿不足不能印刷；

② 发现印刷品已经干水，重新开机印刷时要提前加水防范；

③ 开机印刷要先看版面水量，合适后才能合压印刷。

在印刷过程中，一定要经常抽样检查，检查水斗中是否有水。总之，对于水辊中水量大小一定要心中有数。

如果水量大小没有问题，但还是出现经常干水现象，这就要检查水辊的压力是否正常。

当出现干水糊版时，一般都应紧急加水，但加水量要与干水程度相适应。

如果糊版较严重，造成印版大面积起脏，一般要停机处理，洗干净橡版布重新印刷，并适当增大水量。

（5）水大预防与处理方法

水大与水小正好相反，水大造成印刷品发虚。

水大的原因有以下几方面：

① 水量开得过大，印刷时间长，水量慢慢变大；

② 机器空转时开水，水转时间越长，水量就越多；

③ 印刷速度由低变高时，水量消耗减少，水量会慢慢增大；

④ 清洗水辊后未把水挤干造成水量过大。

当水量过大时，一般应先关闭水量开关，通过多放版纸的方法进行印刷从而把水带走；也可以直接用纸把水辊中的水带走。对于没有水绒套的印刷机，水量过大比较容易处理，一般把水量关小就行了。

（6）网点增大控制方法

网点增大又称为网点扩大，是印刷中不可避免的现象。影响网点增大的因素有以下几个方面：

① 印版与墨辊间的压力；

② 印刷压力；

③ 油墨的黏稠度；

④ 水量的大小；

⑤ 墨量的大小；

⑥ 印刷纸张的性质等。

一般，压力越大，网点增大越多；油墨越稀薄，网点增大越多；墨量越大，网点增大越多。影响网点增大最重要的因素是印刷压力，控制好印刷压力是控制好网点增大的关键。

网点增大可分为机械增大与光学增大。机械增大是指在压力作用下网点面积的真实变大现象。光学增大是指网点在纸张上产生的双重反射作用所引起的错觉增大现象。

网点增大与网点的边长有关系，网点边长越大，网点增大就会越多。在印刷过程中控制网点增大的主要措施就是控制墨量大小与压力大小。在墨量不可调的情况下，可以通过改变印刷压力、墨辊与印版的压力及调节油墨的黏稠度来调节控制网点增大值。

（7）墨色稳定性控制方法

墨色稳定性指同批产品的墨色一致性。墨色一致对印刷品来说十分重要，是印刷品质量的重要体现。导致墨色不稳定的因素主要有以下几点：

① 印刷输纸不顺利，时开时停；

② 水墨平衡不稳定；

③ 墨色调节操作不当。

控制墨色稳定性的措施如下：

① 经常抽样检查墨色情况；

② 始终对照同一样张检查；

③ 在光线充足、照明条件良好的地方检查；

④ 控制好飞达，保证输纸顺畅；

⑤ 控制好水墨平衡，在印刷过程中不要随意改变影响水墨平衡的因素；

⑥ 在正式印刷前多放过版纸校好墨色与水墨平衡；

⑦ 停机后重新开机要放过版纸印刷；

⑧ 控制好墨色调节的频率，不能太快，也不能太慢，调节幅度不能过头。

（8）墨色均匀性控制方法

墨色均匀性不同于墨色稳定性，指同一张印刷品上油墨厚度的一致性。

对网点大小不同的印刷品而言，墨色均匀并不表示墨色深浅相同；对于实地印刷品或网点成数相同的印刷品（平网印刷品）而言，墨色均匀就是墨色深浅的一致。墨色均匀性是实地印刷品或平网印刷品的重要质量指标。

墨色均匀性控制措施如下：

① 调节好油墨分布，严格按照印版图文分布情况与网点面积率确定吃墨量的大小；

② 调节好串墨辊的串动量，版面图文分布较均匀的串动量可大一些；

③ 经常抽样检查墨色均匀性；

④ 对照同一样张对比墨色均匀性。

💡 任务思考

1.印刷质量基本标准是什么？

2.印刷质量检测方法有哪些？

3.印刷质量控制的内容主要有哪些？

4.简述墨色调节的方法。

5.如何预防印刷品上出现大量墨皮？

6.如何预防印刷品上出现纸粉纸毛？

7.如何预防印刷品出现干水现象？

8.如何预防印刷品出现水大现象？

9.影响网点增大的因素有哪些？

10.网点增大的规律是怎样的？

◆ 任务练习

1.根据不同的评判方法，练习对样张质量进行评判，并合理利用测控条进行判别。

2.根据三勤操作技巧，练习印刷过程中的三勤操作。

拓展测试

▶ 微信扫码 ◀
选择题

▶ 微信扫码 ◀
判断题

任务七 印后整理

任务实施

一、印刷半成品的整理

1.任务解读

熟悉齐纸、敲纸、数纸、装纸的方法。

2.设备、材料及工具准备

四开胶版纸每人500张，齐纸台若干个。

3.课堂组织

将学生分成若干小组，每位学生分别进行齐纸、敲纸、数纸、装纸与搬纸的练习，最后达到熟练的程度。

4.操作步骤

教师先分任务进行示范操作，并讲解操作要求与注意事项。

（1）齐纸

齐纸的目的是将不整齐的纸张抖齐，以利于飞达走纸和定位准确。齐纸前要先松透纸张并抖动，让空气充分进入纸张中，然后把纸斜向错开并双手捏紧纸的两边缘，拉紧纸张、提起，垂直离开桌面少许，松开双手，让纸叠下落撞齐纸边。操作中两手要注意随时护住纸叠，不让其散落。齐纸须反复进行操作才能将纸撞齐。松纸是齐纸的关键，纸未松透很难将纸撞齐。齐纸的操作如图1-38所示。

图1-38 齐纸

（2）抖纸

抖纸就是把纸叠理松，以利于分纸吹嘴、送纸吸嘴分送纸张，确保输纸顺畅。抖纸时每叠厚度不要太大，以手能轻松握紧纸叠为宜。两手分别捏住纸的两角，大拇指压在纸叠上面，食指和中指放在纸叠下面，并使纸叠往里挤挪，与大拇指往外捻的力相反，使纸叠上紧下松，纸张之间产生间隙，双手有节奏地搓挪两边纸角，灌入空气，达到透松纸张的目的。

（3）敲纸

对挺度不够好的纸张或有变形、弯曲的纸张，需要进行敲纸操作，以利于飞达走纸和定位准确。先用左手把纸弯过来，然后用右手敲打纸边，边敲打边移动弯纸的位置，让纸产生折痕。敲纸一般敲靠近咬口方向的两角，折线成斜向辐射状，每叠纸不宜太厚，约5mm就够了。敲纸的操作如图1-39所示。

图1-39　敲纸

（4）搬纸与装纸

　　常用的搬纸方法有弯边法、提角法、翻卷法、拿两边法等。搬胶版纸可以使用弯边法，先用双手把一叠纸压出一条折痕，使纸坚挺起来，然后再搬，这一方法比较省力。铜版纸和卡纸不能折，不能使用这一方法。对比较薄的铜版纸和轻涂纸，应使用翻卷法，将纸卷起放到纸堆上，用左手压住下面纸堆，用右手摊开纸张。对刚印下的纸张应使用提角法，两只手捏住纸叠对角（选择没有图的部分），提起纸叠放到纸堆上，这一方法可以避免用手拿纸时将图文弄脏。搬运较厚的纸张应使用拿两边法，两只手分别握紧纸叠的左右两边，向后拖移，提起纸叠，使纸张沿咬口拖梢方向有一点弯曲弧度，搬离纸堆。

　　飞达是不能将输纸台上的纸张全部走完的，所以装纸前应先在输纸台上铺垫一叠与所用纸张同尺寸的废纸，并与好纸作好分隔。

　　装纸步骤如下：

　　① 纸叠咬口朝外，拖梢靠向自己，置于纸台正上方，轻轻放下，同时用两手背抵住下面纸堆最上面的纸张，摊开纸叠。

　　② 双手将纸叠推向咬口挡纸板，靠紧、微调使其横向整齐。

　　③ 将纸叠依据侧挡纸板反向捻开，然后一只手将纸叠推向侧挡纸板，另一只手挡住纸张拖梢，微调、靠紧使其纵向整齐。

　　④ 双手压住纸堆表面，从纸张中部向两边压纸滑动，排除纸叠内空气。

　　装纸与搬纸的操作如图1-40所示。

图1-40　装纸与搬纸

（5）数纸

数纸是用于计算纸张数量的手工操作。数少量纸张，可用提角撆法，用右手拇指和食指夹紧纸角，反向翻转纸叠，使纸页散开，用左手食指和中指交替每5张一手隔开计数。纸张较多时，应采用刮擦法，用手把纸掀起，左手轻压纸边，右手一边刮纸一边点数，一般5张一手，100手隔开，刮纸可以使用竹片等工具。数纸时注意力要集中，手划和口记要同步、记清，并做到纸叠齐整，双手清洁，刮擦力度适中。数纸的操作如图1-41所示。

图1-41 数纸

二、墨辊、橡皮布等的清洗

1.任务解读

熟悉印刷机清洗的方法与程序，提高印刷机清洗能力与水平，培养良好的职业素养与工作习惯。

2.设备、材料及工具准备

罗兰700胶印机、清洗剂。

3.课堂组织

将学生进行分组，每组学生依次进行清洗墨辊、墨斗、滚筒及水辊的训练。教师先示范操作一次，学生观看，然后由学生练习。练习可安排在每次印刷结束后进行，不专门进行练习，学生轮流进行洗机。每次洗机安排两名学生配合操作，一人负责洗墨辊，一人负责洗墨斗，下次交换岗位进行。每人洗机不少于三次。根据学生操作规范程度进行评分。

4.操作步骤

（1）常规清洗程序

常规清洗程序如下：

放水辊→装刮墨斗→铲出墨斗中的油墨→清洗墨斗与墨斗辊→清洗墨辊→墨辊干净→停机→取下刮墨斗→清洗刮墨斗→抬水辊→封版→清洗各滚筒滚枕→清洗墨铲。

也可以先洗墨辊后洗墨斗，还可以墨斗与墨辊同时清洗，但要注意安全，防止将抹布卷到墨辊中去。并且，在清洗墨辊时要不断加清洗剂，清洗干净应及时停机。

如果水辊很脏，还可在清洗墨辊的同时清洗水辊，在墨辊清洗基本干净后把着墨辊靠版，在水辊上加清洗剂，最后用水清洗，干净后抬起墨斗辊。

▶ 微信扫码 ◀
手动清洗胶辊操作

（2）操作要求

① 在清洗墨斗片过程中同时清洗墨辊，如果想加快墨辊清洗速度，可按"输纸开"后再按"定速"进行高速清洗墨辊。

② 擦洗墨斗片与墨斗辊时要特别注意不要让布卷入墨辊中，手中的布一定要抓实，不能散开。

③ 还可用加水清洗的方法清洗墨辊，但清洗剂每次不要加得过多，要少量多次添加。

任务知识

一、印刷半成品的处理

当产品印刷完成后，称为半成品，需要对印刷半成品进行以下处理：

① 将印刷品整齐码放，加标识，记录产品名称、数量、质量状况、时间及操作者等信息，必要时覆盖收缩膜防护。

② 不合格品要标识清楚现象、位置，隔离放置不合格品于指定位置。需对校版纸进行整理、标识，并隔离存放于指定位置。

③ 样张等相关材料归还指定部门。

④ 色彩测量仪器归还指定部门。

二、印刷机清洗与维护

清洗印刷机主要是对油墨的清洗，包括墨路的清洗与水路的清洗。具体包括墨斗、墨铲、墨辊、水辊、橡皮布与压印滚筒等的清洗。

墨辊的清洗是用橡胶片刮串墨辊，将墨路中的油墨刮到回收器刮墨斗中。在清洗过程中不断往墨路中加清洗剂。墨斗一般只能直接用布手工清洗。橡皮布与压印滚筒的清洗可直接用布手工清洗，但有的机器可以自动清洗。自动清洗原理一般是通过一个旋转的毛刷辊在滚筒表面进行清洗，可自动加清洗剂并回收。

1.墨辊手动清洗方法

（1）印版未封胶保护的清洗程序

水辊靠版→装刮墨斗→铲净墨斗中的油墨→开机清洗墨辊→清洗干净→停机→取下刮墨斗→擦洗刮墨斗→水辊离版。

（2）印版已封胶保护的清洗程序

水辊离版→印版封胶→装刮墨斗→铲净墨斗中的油墨→开机清洗墨辊→清洗干净→停机→取下刮墨斗→擦洗刮墨斗。

（3）水辊墨辊同时清洗程序

水辊靠版→装刮墨斗→铲净墨斗中的油墨→开机清洗墨辊→清洗墨辊→当墨辊基本干净

时墨辊靠版→水辊墨辊同时清洗→清洗干净→停机→取下刮墨斗→擦洗刮墨斗→水辊墨辊离版。

在清洗墨辊时，清洗剂要少量多次地加，不要一次加得太多，防止清洗剂从墨辊两端甩出。当墨辊中无清洗剂时，要及时停机，防止刮墨橡胶被刮坏，清洗时也可加水清洗。在清洗墨辊过程中，可同时清洗墨斗与墨斗辊，但要特别注意操作安全，清洗布不要散开，以防清洗布不小心卷到墨辊中去。

▶ 微信扫码 ◀
手动清洗印版和橡皮布

2.滚筒的清洗方法

一般用布或海绵清洗滚筒，若一天之内再印，印版可以用水直接清洗后擦胶保护。

如果停机时间不超过10min，也可用水擦版保护。

如果超过一天再印，一般要先洗干净印版上的油墨再擦胶保护印版，印版擦胶保护好后，再用油墨清洗剂清洗橡皮布滚筒，最后清洗压印滚筒，必须同时清洗滚筒的滚枕。清洗时，用右手握清洗布或海绵左右往复在滚筒表面移动，移动幅度要覆盖整个滚筒表面，同时另一边用左手点动机器，提高清洗工作效率。

▶ 微信扫码 ◀
水斗辊清洗操作

3.水辊清洗方法

水辊可以与墨辊同时清洗，如果要想清洗得更干净，就必须单独清洗水辊。把水辊一根一根取下，然后用清洗剂及水单独清洗，洗后把水刮干（间隙式输水装置中包有水绒套的水辊）。对于选用酒精润版液的机型，水辊、墨辊可同时清洗。

▶ 微信扫码 ◀
涂阿拉伯胶操作

三、印版处理

由于印版长期暴露在光下会曝光过度，在每一次印刷完成以后，若印版还要继续使用，则必须在检查图文正常后保持印版表面不折损，用汽油等清洗剂洗净油墨，然后用保版胶均匀涂满印版表面，标识清楚后避光、竖放保存，且在下一次上机前要先开胶；如果印版不再使用，应放到指定地点回收。

在印刷过程中，印版会出现各种各样的问题，比如印版带脏的问题时常发生。一般可以通过更换水绒套或者进行相关调整解决。一般印版带脏是由于水绒套的使用时间过久，长期磨损而变薄，造成印版局部水不均匀。

💡 任务思考

1.印刷机的清洗包括哪些内容？

2.如何清洗墨辊？

3.如何清洗橡皮布？

4.在清洗印刷机的过程中需要注意哪些内容？

5.如何清洗水辊？

6.印刷半成品的整理方式有哪些？

◆ 任务练习

1.根据不同的印刷产品，练习半成品的整理技能。

2.根据印刷机的清洗原理和方法，依次对墨辊、水辊及印刷滚筒进行清洗练习。

拓展测试

▶ 微信扫码 ◀
选择题

▶ 微信扫码 ◀
判断题

任务八　胶印工艺故障分析与排除

任务实施　工艺故障的识别与排除

本任务主要通过识别不同类型工艺故障，分析不同类型工艺故障原因，采取不同的措施来排除工艺故障。

1.任务解读

熟悉常见印刷故障的形成原因与处理方法，提高学生分析印刷故障的能力，提高学生口头表达能力与辩证思维能力。

2.设备、材料及工具准备

印刷质量故障样张若干。

3.课堂组织

提前一周布置口述题，然后由学生自己学习掌握，老师集中进行讲解指导。最后随机抽取三道题，由学生作答，根据回答的正确性、表达水平及解决问题的思路给分。要求学生写出《印刷故障处理实训报告》。

4.操作步骤

在进行练习时，对学生随机抽题进行作答，也可随机抽取样张，要求学生对样张上的质量故障口述形成原因与解决办法。训练时要面向大家回答，表达要清晰，语言要规范。

任务知识　各种工艺故障的识别与排除方法

1.规矩不准故障

规矩不准是指纸张输纸定位过程中张与张之间未套准的现象，有时也称为套印不准。套印准确是任何印刷品的质量要求，出现套印不准是不允许的。套印不准通常有以下几种情况。

（1）按方向分

按方向分，有上下套印不准与左右套印不准两大类。

① 上下套印不准又称为大小套印不准，是指在纸张的走纸方向（上、下方向）出现套印不准的现象。

② 左右套印不准是指在纸张的前规和侧规方向（左、右方向）出现套印不准的现象。

（2）按早晚分

按早晚分，有过头式套印不准和不到位式套印不准。

（3）按位置分

按位置分，有靠身套印不准、朝外套印不准与两边都套印不准。

套印不准的情况不同，其形成原因可能完全不同，故只有掌握套印不准的具体情况才能准确分析判断形成原因。

2.套印不准故障

套印不准是指印刷品上不同颜色图文没有按要求套印在一起的现象。套印不准的形成原因主要有以下几类，以下按检查的先后顺序排列。

（1）规矩不准造成的套印不准

任何一色规矩不准都会造成最终的多色印刷品套印不准。因此，单色机套印多色产品出现整张印刷品套印不准时，应首先检查各色之间套印情况。单色印刷时，必须保证各色套印准确。多色机一次输纸印刷即使套色不准确也不会造成套印不准。

（2）纸张变形造成的套印不准

在各色印刷之间，纸张会发生变形，变形越多，套印误差就越大。单色机印刷各色之间套印时间间隔较长，如果纸张变形也很大，套印误差也会很大。因此单色机套印多色产品一定要控制纸张的变形。多色机一次输纸印刷也会出现纸张变形现象，但一般变化量不大，并能通过改变衬垫厚度的方法加以补救，故对套印的影响一般很小。

（3）装版拉版造成的套印不准

装版时印版扭曲或用力过度造成印版变形都会引起套印不准。

（4）传纸故障造成的套印不准

传纸故障包括纸张交接故障及叼纸牙故障等。多色机印刷中，印刷时纸张在印刷过程中不稳定的传递会直接导致色组间套印不准。单色机印刷中则表现为套印不准。

（5）印前制版造成的套印不准

制版造成的套印不准主要是手工拼版错误、晒版拼版及印版输出误差所致。输出误差一般在可控制范围内，实际生产中很少出现。电脑制版一般不存在这类问题。

3.脏版故障

脏版故障指印版空白部分黏附油墨而形成的印版起脏现象，根据起脏的表现形式不同可分为空白部分涂墨、糊版、浮脏，根据形成原因不同可分为干水脏版、印版氧化脏版、印版显影不干净脏版、油墨过度乳化脏版等。

（1）糊版

糊版指图文线条铺开扩大而造成图文不清晰完整，在空白区存在油墨轻重不等的脏迹。糊版形成的原因主要有油墨与润版液 pH 值相差太大造成的水墨不平衡、油墨油性和黏度太高、着墨辊压力过大、供墨时过大、印刷压力过大等。供水量过少（俗称干水）是糊版的最常见原因。

（2）浮脏

浮脏是指在印版空白部分出现很细小的点状或丝状墨点的现象，就像在空白部分涂了一层墨迹，在空白部分产生大量密集的脏点，或者是在空白部分出现一层薄薄的墨迹。

产生浮脏的主要原因如下：

① 油墨严重乳化造成印版空白部分吸附严重乳化的油而形成浮脏；

② 油墨过稀造成空白部分油墨不能被吸回到墨辊上而形成浮脏；

③ 晒版时间不足或显影时间不足，造成空白部分显影不干净，留有部分感脂层而形成浮脏；

④ 印版部分保护不良造成空白部分氧化，感脂性增强而产生浮脏；

⑤ 印版砂目磨损使杂质加到水辊上形成浮脏；

⑥ 洗墨辊时清洗剂未干就上墨，使墨路中含有溶剂，造成浮雕严重乳化，是形成浮脏最常见的原因。

（3）空白部分上墨

空白部分上墨指空白部分吸附油墨，造成大面积或较严重的起脏现象，这都是干水造成的，只要增加供水量就能解决，属印刷操作故障。如果经常出现，说明供水系统有问题，应检查水辊间压力与水辊的水量。另外，印版封版造成的印版起脏，一般用洁版剂清洗即可解决。

4.花版与掉版故障

花版与掉版是指印版图文部分磨损、脱落，出现印迹浅淡发虚、小网点丢失的现象。印刷过程中印版图文被磨损是不可避免的，只有当印版耐印力明显低于正常时才被认为是花版与掉版故障。

花版与掉版的主要原因如下：

① 润版液酸性过强造成版基被腐蚀，使网点缩小甚至丢失；

② 润版液碱性过强造成图文膜被溶解而变薄；

③ 版压过大造成印版磨损；

④ 着墨辊压力太大造成印版磨损；

⑤ 着水辊压力过大造成印版磨损；

⑥ 晒版或显影时间过长造成图文变浅；

⑦ 纸张掉粉拉毛严重造成印版磨损；

⑧ 油墨颗粒较粗造成印版磨损；

⑨ 版面水量太大加速印版磨损。

5. 纸张起皱故障

纸张起皱的形成原因可分为两大类：一是机械调节不当，二是纸张不均匀变形。

机械调节不当的主要原因如下：

① 输纸不平整；

② 叼纸牙叼纸故障；

③ 纸交接故障等。

纸张不均匀变形的主要原因如下：

① 纸张荷叶边；

② 紧边故障等。

区分起皱的原因是解决纸张起皱问题的关键所在，可根据纸张起皱的粗细、方向及形状等来进行鉴别，一般情况如下：

① 大皱是机械原因所致；

② 小皱是纸张原因所致；

③ 直皱是纸张原因所致；

④ 斜皱是机械原因所致；

⑤ 位置固定的起皱往往是机械原因造成的。

6. 堆版故障

堆版故障是指油墨干固，堆积在印版图文上不能被转移的现象。堆版故障同时会出现堆橡皮故障，堆版时间过长还会压低橡皮布。形成原因主要是油墨比重大、油墨颗粒粗、油墨黏性过小，另外过多的纸粉纸毛也是堆版的重要原因。

7. 墨辊脱墨故障

墨辊脱墨故障指墨辊不传墨、油墨不能被转移到印版上的现象。形成的主要原因如下：

① 墨辊上油墨干结造成不传墨；

② 油墨中燥油加得过多造成油墨在传递过程中逐渐变干进而脱墨；

③ 墨辊老化，结晶光滑造成墨辊不吸墨、不传墨；

④ 环境温度过高造成油墨干燥过快而脱墨；

⑤ 油墨中助剂加得太多，黏性变小而脱墨；

⑥ 油墨过度乳化而脱墨；

⑦ 水的硬度太高，产生钙盐附着在墨辊上，阻碍油墨传递造成脱墨。

8.图文发虚故障

图文发虚是指图文部分模糊不清、网点空虚、实地不结实的现象。图文发虚直接影响印品的质量，形成原因有很多，以下按检查的顺序与项目来分析：

① 水量过大造成图文发虚；

② 墨量过小造成图文发虚；

③ 印版或墨辊上油墨干结造成图文发虚；

④ 着墨辊压力过小造成图文发虚；

⑤ 版压过小造成图文发虚；

⑥ 印刷压力过小造成图文发虚；

⑦ 橡皮布无弹性或不吸墨造成图文发虚；

⑧ 糊版造成图文发虚；

⑨ 堆版或堆橡皮布造成图文发虚；

⑩ 油墨过度乳化造成图文发虚；

⑪ 网点滑移、重影、套印不准等也会造成图文发虚。

9.过底故障

过底故障是指印刷品正面未干结的墨膜粘到另一张的背面造成正面图文发花、蹭脏，背面出现油墨痕迹的现象，又称为粘脏、粘花、背面蹭脏、背印。过底的成因主要如下：

① 油墨严重乳化造成油墨慢干所致；

② 印刷品油墨量过大、过厚易过底；

③ 油墨干燥太慢易过底；

④ 油墨太稀、不易干燥造成过底；

⑤ 收纸堆太高易过底；

⑥ 实地印刷易过底；

⑦ 四色叠印的暗调处易过底；

⑧ 油墨黏性过大易过底；

⑨ 纸张太光滑、吸墨性太差易过底；

⑩ 润版液酸性过强延缓油墨干燥造成过底；

⑪ 印刷品未干就搬动、移动、翻动造成粘脏；

⑫ 刚印刷出来的印刷品用手压、擦、拖、撞、碰等人为行为造成粘脏。

其中，油墨量过大、油墨过度乳化造成过底较常见。

10.纸张掉粉拉毛故障

纸张掉粉指纸张表面的纸粉或填料被油墨反拉走后在印刷品图文上留下针孔状小白点的现象。纸张拉毛是指纸张表面的纤维被油墨反拉走后在印刷品图文上留下丝状或片状空白痕迹的现象。

掉粉拉毛故障在实地印刷品上较为突出，形成的主要原因如下：

① 纸张表面强度过低；

② 油墨黏性过大；

③ 纸张表面纸粉过多；

④ 纸张裁切不光洁，留下纸粉；

⑤ 水绒套掉毛；

⑥ 润版液水量过大造成纸表面强度下降；

⑦ 印刷速度过快造成纸张拉毛。

任务思考

1.处理印刷故障的一般方法有哪些？

2.如何检查套印不准故障？

3.什么是套印不准故障，套印不准的原因主要有哪些？

4.什么是糊版故障？糊版的原因有哪些？

5.什么是脏版故障？主要有哪些类型？

6.什么是花版与掉版故障？形成原因主要有哪些？

7.什么是纸张起皱故障？产生原因主要有哪些？

8.什么是堆版故障？产生原因主要有哪些？

9.什么是图文发虚故障？形成原因主要有哪些？

10.什么是过底故障？形成原因主要有哪些？

11.什么是纸张掉粉拉毛故障？产生原因主要有哪些？

任务练习

1.根据本项目所学知识，总结为什么胶印车间要进行温湿度的控制，并写出报告。

2.根据本项目的学习，对胶印中套印不准的故障现象进行归纳总结，写一篇报告，字数在4000字左右。

拓展测试

▶ 微信扫码 ◀
选择题

▶ 微信扫码 ◀
判断题

平版胶印是一种常用的印刷方式。由于印刷速度快、印刷质量相对稳定、整个印刷周期短等多种优点，书刊、报纸和相当一部分商业印刷都采用平版胶印工艺。

项目二
单张纸单色胶印工艺及操作

∧
项目教学目标
∨

通过本项目"理实一体"的各项任务实施以及对应知识原理学习，了解单张纸单色胶印工艺操作的基本流程及操作要点；掌握单张纸单色胶印工艺操作中必备的工艺技术知识和原理；培养单张纸胶印机规范化操作能力。拟达到的知识技能目标如下。

◾ 技能目标

1.熟悉单张纸单色印刷施工单的构成，具备编写单张纸单色产品印刷施工单的能力；
2.熟练掌握胶印机各控制面板及按键操作功能；
3.具备正确拆装印版、橡皮布的能力；
4.具备正确清洗印版和橡皮布及印版封版操作的能力；
5.具有输墨、输水基础调试能力；
6.初步具备观察印版表面水量大小的能力；
7.具有正确调配润版液的能力等；
8.具备在单色胶印中使用密度计进行质量检测与控制的能力。

◾ 知识目标

1.阅读和熟悉开具单张纸单色胶印工艺印刷工单的相关技术知识及术语；
2.熟练掌握纸张调湿原理和方法；
3.熟练掌握胶印油墨印刷适性的相关知识；
4.熟悉润版液的组成及种类，掌握常用胶印润版液的配方及控制方法；
5.掌握平版胶印润湿原理、胶印水墨平衡原理的掌握及控制方法；
6.掌握印刷压力的分类及表示方法、印刷压力的作用及控制的基础知识；
7.熟悉印刷质量的控制原理及检测方法；了解单色印刷品的质量评价等；
8.掌握侧规、前规的调节原理和方法；
9.了解折页的基本方法，能根据产品特性合理地选择折手；
10.熟悉影响印刷质量的工艺参数及控制方法等；
11.牢记胶印机安全操作规程与常识；
12.熟悉单色产品印刷的工艺流程；
13.掌握密度等参数在单色胶印工艺中的应用。

任务一　单色单面产品印刷工艺操作

任务实施　单色单面产品印刷

1.任务解读

熟悉单色产品印刷的工艺流程，综合运用所学单项技能完成产品的印刷，提高学生印刷产品的能力。培养学生的团队协作能力与沟通能力。让学生从中获得乐趣与成就感，培养学生的自信心与职业素养。

2.设备、材料及工具准备

单色或多色胶印机一台，印版一块，四开纸若干，真实印刷工单若干。

▶ 微信扫码 ◀
印刷过程

3.课堂组织

真实产品印刷。每人印刷1单。把学生分成若干组，每组3人，安排1人为机长。教师任车间主任，其他学生作为客户和评委对印刷产品质量进行评价。把真实的印刷工单交给机长，由机长带队完成印刷任务。

从印刷前准备一直到印刷结束的全过程都由学生完成，教师可适当指导。正式印刷前由机长选1张最好的签样，然后交车间主任签样。印刷完成后由客户进行质量评价与打分。

通过真实的印刷生产来培养学生的职业精神、职业道德与职业素养，同时培养学生的专业技能与合作完成任务的能力。每组负责印刷1个工单，各组工单各不相同。

4.操作

（1）操作步骤

单色单面的印刷步骤一般如下：

阅读印刷施工单→明确印刷任务→根据任务特点设计印刷工艺→准备纸张、油墨、印版等印刷材料及润版液→装版、装墨、装纸→开机→输水输墨→停机擦版→开机→水辊靠版→

墨辊靠版（可选）→观看印版水墨平衡情况（确保无水大或糊版现象）→输纸→第二张纸过前规→合压→查看侧规拉纸情况→校版纸全输走后再输一张→关气泵→纸走完→停机→取印样→抬水辊→擦洗橡皮布与印版→校版、校规格、校墨色→从上述"开机"处重复直至印样质量合格后交成果→擦洗橡皮布→印版封保护胶→结束操作。

操作步骤可简化如下：

阅读印刷施工单→根据任务特点设计印刷工艺→准备纸张、油墨、印版等印刷材料→装版、上墨、装纸→输水输墨→校版、校规格、校墨色→印样质量合格后签样→正式印刷→印刷完毕→清洗印机。

对比较熟练的操作者可以采用简化的操作步骤，对于初次实训的学生要求严格按一般步骤进行。

（2）操作要求

① 印刷前准备工作可以由助手帮助完成。

② 拉版或者擦版之前一定要记得抬水辊，开机印刷之前一定要记得水辊靠版。

③ 印刷过程中要始终注意水量与墨量情况，根据情况控制好水量和墨量。

④ 校版纸不要放反，叼口在前。每次放校版纸一般为3张。校版纸与过版纸要有明显的区别，不要搞混，校版纸为白纸。

⑤ 校版时要拿出全部的校版纸印样查看套印情况，不能只看1张。

⑥ 每次输纸印刷时一定要看侧规拉纸情况，侧规拉纸约5mm为最佳，否则应立即调节纸堆来去位置，或者调好后重新输纸印刷。纸没拉到位或者纸拉过位的印样都不能用来判定来回位置并作为调节侧规的依据。

⑦ 当上下方向只差1～2线时可不用拉版，通过调节前规前后位置来实现，拉高向前调，拉低向后调，每格调节量为1线。

⑧ 侧规调节方向是图文靠身调，侧规朝外调，否则相反。

▶ 微信扫码 ◀
典型故障与质量控制解析

任务思考

1. 单色单面印刷的一般步骤是什么？

2. 为什么有简化的操作步骤？

3. 单色单面的操作要求如何？

任务练习

1. 选择一种与本任务实际实训时采用的不同纸张再次进行单色单面产品的印刷。

2. 根据单色单面印刷的体会，撰写《单色单面印刷品印制实训报告》，要求字数在500字左右。

平版胶印技术与操作

任务二　单张纸书刊内页胶印工艺操作

任务实施　典型书刊内页印刷品印刷

1.任务解读

熟悉单色产品印刷的工艺流程，综合运用所学单项技能完成产品的印刷，提高产品印刷的基本能力。了解折页的基本方法，会熟练根据产品特性合理地选择正确的折手的方法。

2.设备、材料及工具准备

曼罗兰700胶印机，印版一块，对开四开纸若干，真实印刷工单若干张。

3.课堂组织

正式产品印刷。每人印刷1单。把学生分成若干组，每组3人，安排1人为机长。教师任车间主任，其他学生作为客户或评委对印刷产品质量进行评价。把真实的印刷工单交给机长，由机长带队完成印刷任务。

从印刷前准备一直到印刷结束的全过程都由学生完成，教师可适当指导。先讲授实际生产中的折手种类，让学生多次练习后，最后要求学生会根据产品特性合理地选择正确的折手。

在确定折手后正式印刷前由机长选1张最好的签样，然后交车间主任签样，印刷完成后由客户进行质量评价与打分。

通过真实的印刷生产来培养学生的职业精神、职业道德与职业素养，同时培养学生的专业技能与合作完成任务的能力。

每组负责印刷1个工单，各组工单各不相同。

4.操作步骤

与单色单面印刷品印刷工艺操作步骤基本一致，唯一差异在于正面印完以后，根据折手对纸堆进行正确的翻页，然后开始反面印刷。

任务知识

一、书刊内页印刷质量标准

1.印刷品的质量

印刷品质量的高低表现在以下几个方面。

（1）阶调复制

印刷品的阶调是指图像的深浅变化规律或图像的密度差别规律。在参考原稿的基础上，彩色阶调的范围由纸张的白度和四个色版叠加的有效最高密度的密度反差所决定。一般说来，印刷适性越好，密度范围越大，阶调复制越好；印刷适性越差，密度范围越小，阶调复制越差。

影响阶调复制的因素很多。例如，原稿的阶调值，制作底片和印版时的工艺路线和工艺条件，印刷纸张、油墨、印刷机及其印刷工艺条件等。可以说，阶调复制贯穿于从原稿到印刷品完成的全过程。

（2）层次和清晰度

印刷品的层次指在可能复制的密度范围内，眼睛可以识别的亮度级数。印刷品的清晰度，对于图像而言一般指相邻细部的色调差别，在整体画面协调的前提下，相邻细部的色调差别越明显，印刷品的清晰度就越好；对于图形而言，一般指图形的细小线划清晰，分辨率高；对于文本而言，一般指文字线划清晰、易读。

影响层次和清晰度的因素主要如下：

① 原稿的质量。原稿层次好、清晰度高，才可能得到层次丰富、清晰度好的印刷品。

② 分色的质量及尺寸的准确性。

③ 拼版尺寸的准确性。

④ 拷贝尺寸的准确性。

⑤ 晒版质量及其尺寸的准确性。

⑥ 印刷适性。

⑦ 印刷过程中的套准精度。

⑧ 网点增大值。

⑨ 相对反差值等。

（3）颜色复制

颜色复制应实现灰平衡，即原稿上中性灰的颜色，复制之后仍还原为中性灰，只有达到中性灰复制，才能保证印刷过程中各原色之间的平衡关系没有被破坏，没有出现色偏。颜色复制的好坏由下列因素决定：

① 原稿质量；

② 分色质量；

③ 网点增大值；

④ 印刷油墨的质量；

⑤ 其它，如透射原稿转换成反射印刷品、染料转换成颜料等造成的色误差，颜色评定和心理的影响等。

（4）外观

外观是指印刷品的外观特征。如印刷品上的墨点、白斑、糊版、划伤、蹭脏、图像位置、尺寸误差、接版色调是否一致等。对于线条或实地印刷品，应该要求墨色厚实、均匀、光泽好，文字不花、清晰度高、套印精度好，没有透印、背凸过重、背面蹭脏现象，等等。

2.文字质量特征参数

（1）最佳文字质量的定义

印刷的最佳文字质量是指所印文字没有各种物理缺陷，如堵墨、字符破损、白点、边缘不清、多余墨痕等。

（2）文字图像的密度

① 文字图像的密度较高，但实际上受可印墨层厚度的限制；

② 在涂料纸上，黑墨的最大密度约为1.50～1.70mm；

③ 在非涂料纸上，黑墨的最大密度约为1.20～1.40mm。

（3）墨层厚度对字体笔画与字面宽度的影响

墨层比较厚产生的变形就会比较大。在一定的墨层厚度条件下，小号字产生的变形要比大号字产生的变形明显得多。为了获得最佳的复制效果，笔画宽度的变化应该保持在字体设计人员或制造人员所定规范的5%以内，字符尺寸应保持在原稿规范的-0.025～+0.050mm以内。

二、单色书刊内文的印刷要求

① 墨色均匀，印页折标印刷实地密度值为0.9～1.3mm；

② 文字清晰，无重影，无缺笔断画、糊字、坏字；

③ 图像层次分明，图内说明文字清楚；

④ 表格线条清楚，无明显模糊不清；

⑤ 页面无明显折痕、脏迹。

▶ 微信扫码 ◀
典型故障与质量控制解析

任务思考

1.单色印刷品的质量标准是什么？

2.与彩色印品相比，单色印品在质量上更应该注重什么？

任务练习

总结书刊内页印刷品印刷要点，写出实训报告，字数在500字左右。

拓展测试

▶ 微信扫码 ◀
选择题

▶ 微信扫码 ◀
判断题

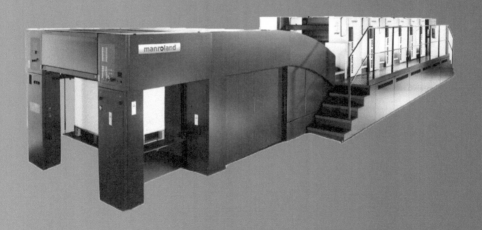

平版胶印技术自1904年诞生以来，凭借其优越的印刷质量、高效的印刷速度、稳定的收益水平和广泛的市场适用性，使胶印机成了印刷企业的主流装备，占据印刷业的主导地位，为推动印刷复制产业的技术进步和文化产业的繁荣发展起到了重要作用。

项目三

单张纸多色胶印产品印刷工艺及操作

∧
项目教学目标
∨

通过本项目"理实一体"的各项任务实施以及对应知识原理学习，了解单张纸多色胶印工艺操作的基本流程及操作要点；掌握单张纸多色胶印工艺操作中必备的工艺技术知识和原理；培养学生精益求精的工匠精神。拟达到的知识技能目标如下。

▣ 技能目标

1. 具备编写单张纸多色产品印刷施工单的能力；
2. 具有阅读理解并实施系列单张纸多色产品印刷施工单的能力；
3. 具备根据印刷施工单准备印刷原辅材料的能力；
4. 掌握多色胶印机安全操作规程与常识；
5. 具有多色胶印机窗口设置操作能力；
6. 初步具备正确操作多色印刷机及处理印刷机多色印刷操作中故障排除的能力；
7. 具备依据施工单要求设定多色印刷工艺流程的能力；
8. 具备依据样张调整墨色的能力；
9. 具备用正确方法校正套印的能力等；
10. 掌握主客观相结合的印品质量评价方法。

▣ 知识目标

1. 阅读和熟悉开具单张纸多色胶印工艺印刷工单的相关技术知识及术语；
2. 熟练掌握胶印彩色油墨的印刷适性等相关知识及专色油墨的调配原理与方法；
3. 熟悉色彩呈色基本原理及色光加色法、色料减色法的呈色机理；
4. 熟练掌握胶印工艺中印刷色序的安排原则及相关知识、要点；
5. 掌握印刷网点的作用及基本特征；
6. 熟悉印刷质量的控制原理及检测方法；
7. 熟悉影响印刷质量的工艺参数及控制方法等；
8. 熟悉多色印刷品的质量评价技术方法、手段等；
9. 掌握色差、网点大小等质量参数在多色胶印工艺操作中的应用。

任务一　DM单印刷工艺及操作

任务实施 **典型DM单产品印刷**

1.任务解读

熟悉双色产品印刷的工艺流程，综合运用所学单项技能完成双色产品的印刷，提高学生印刷产品的能力。培养学生的团队协作能力与沟通能力。让学生从中获得乐趣与成就感，培养学生的自信心与职业素养。

2.设备、材料及工具准备

曼罗兰700胶印机，印版一块，四开纸若干，真实彩色印刷工单若干。图3-1所示彩图为一普通的DM单。

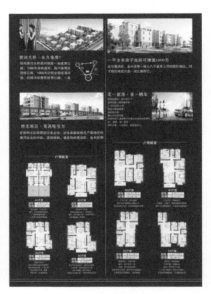

图3-1　普通DM单

3.课堂组织

真实产品印刷，每人印刷1单。把学生分成若干组，每组3人，安排1人为机长。教师任车间主任，其他学生作为客户或评委对印刷产品质量进行评价。把真实的印刷工单交给机长，由机长带队完成印刷任务。

每色分配给一个组进行印刷，每个组印刷一个色。如果双色印刷单不足，可以用四色印刷单代替，每组印一个色。

从印刷前准备一直到印刷结束的全过程都由学生完成，教师可适当指导。正式印刷前由机长选1张最好的签样，然后交车间主任签样，印刷完成后由客户进行质量评价打分。

通过真实的印刷生产来培养学生的职业精神、职业道德与职业素养，同时培养学生的专业技能与合作完成任务的能力。

4. 操作步骤

本任务操作步骤同单色印刷操作规程。

任务知识

一、物体颜色呈现过程

蓝蓝的天空、白白的云、绿油油的草地、黄澄澄的油菜花……这些颜色在人们的社会生活以及生产劳动中的重要作用是显而易见的。如果没有色彩，我们的生活将黯淡无光、一片死寂。

那么，色彩到底是如何形成的呢？要形成五颜六色的色彩需要哪些要素呢？

起初，人类最基本的视觉经验是没有光就没有色。白天人们能看到五色的物体，但在漆黑无光的夜晚就什么也看不见了。倘若有灯光照明，则光照到哪里，便又可看到那里的物像及其色彩了。所以大家觉得，光就是色。但对于物体的五彩斑斓，这个结论显然不能解释。

真正揭开光色之谜的是英国科学家牛顿。牛顿进行了著名的色散实验，他让一条窄缝光束通过玻璃三棱镜，结果意外地出现了一条七色组成的光带，而不是一片白光，极像雨过天晴时出现的彩虹。同时，七色光束如果再通过一个三棱镜还能还原成白光。这条七色光带就是太阳光谱。这个事实证明，光是有颜色的，并不是大家看到的白色。色彩是以色光为主体的客观存在，对于人则是一种视象感觉。产生这种感觉基于三种因素：一是光；二是物体对光的反射；三是人的视觉器官——人眼。其过程为不同波长的可见光投射到物体上，有一部分波长的光被吸收，一部分波长的光被反射出来刺激人的眼睛，经过视神经传递到大脑，形成对物体的色彩信息，即人的色彩感觉。

光、眼、物三者之间的关系，构成了色彩研究和色彩学的基本内容，同时亦是色彩实践的理论基础与依据。有光才会有色，光产生于光源。

物体颜色的呈现是与照射物体的光源色及物体的物理特性有关的。

同一物体在不同的光源下将呈现不同的色彩：在白光照射下的白纸呈白色，在红光照射下的白纸呈红色，在绿光照射下的白纸呈绿色。因此，光源色光谱成分的变化，必然对物体颜色产生影响。

物理学家发现光线照射到物体上以后，会产生吸收、反射、透射等现象。而且，各种物体都具有选择性地吸收、反射、透射色光的特性。以对光的作用而言，物体大体可分为不透光和透光两类，通常称为不透明体和透明体。对于不透明物体，它们的颜色取决于对波长不同的各种色光的反射和吸收情况。如果一个物体几乎能反射阳光中的所有色光，那么该物体就是白色的。反之，如果一个物体几乎能吸收阳光中的所有色光，那么该物体就呈黑色。如果一个物体只反射波长为700纳米左右的光，而吸收其它各种波长的光，那么这个物体看上去则是红色的。可见，不透明物体的颜色是由它所反射的色光决定的，实质上这涉及物体反射某些色光并吸收某些色光的特性。透明物体的颜色是由它所透过的色光决定的。红色的玻璃之所以呈红色，是因为它只透过红光，吸收其它色光的缘故。照相机镜头上用的滤色镜，不是指将镜头所呈颜色的光滤去，实际上是让这种颜色的光通过，而把其它颜色的光滤去。由于每一种物体对各种波长的光都具有选择性地吸收、反射、透射的特殊功能，所以它们在相同条件下（如光源、距离、环境等因素相同时），就具有相对不变的色彩差别。人们习惯把白色阳光下物体呈现的色彩效果，称为物体的"固有色"。如白光下的红花绿叶绝不会在红光下仍然呈现红花绿叶，红花可显得更红些，而绿光并不具备反射红光的特性，相反它吸收红光，因此绿叶在红光下就呈现黑色了。此时，感觉为黑色叶子的黑色仍可认为是绿叶在红光下的物体色，而绿叶之所以为绿叶，是因为常态光源（阳光）下呈绿色，绿色就约定俗成地被认为是绿叶的固有色。严格地说，所谓的固有色应是指"物体固有的物理属性"在常态光源下产生的色彩。

光的作用与物体的特征，是构成物体颜色的两个不可缺少的条件，它们互相依存又互相制约。只强调物体的特征而否定光源色的作用，物体色就变成无水之源；只强调光源色的作用而不承认物体的固有特性，也就否定了物体色的存在。这就是我们自然界中物体的呈色要素。

二、产品的呈色机理

印刷是首先对原稿的色彩信息进行分解，制成各单色版，再由各单色版一起还原出原稿的色彩。所以，为了提高印刷的质量，印刷技术人员必须了解色彩知识和色彩还原再现原理。

自然界物体颜色的呈现是由光、物体和人眼三要素决定的。光照射在物体上，物体会选择性地吸收部分光、反射部分光，被反射的部分光线进入人的眼睛，形成色彩。这是颜色的形成过程，光源的光谱成分、物体的吸收特性、人眼的健康状况和视觉特性都会对最终颜色的呈现造成影响。

在千变万化的色彩世界中，人们视觉感受到的色彩非常丰富，一般可分为原色、间色和复色三类。色彩中不能再分解的基本色称为原色，由两个原色混合得间色，由两个间色或一种原色和其对应的间色相混合得复色，复色也称第三次色。在这三种颜色分类中，原色能合成出其它色，而其它色不能还原出原色。色光三原色为红、绿、蓝三色，色光三原色可以合成出所有色彩，如红光与绿光等量相加可得黄光，红光与蓝光等量相加可得品光，绿光与蓝光等量相加可得青色光，这里的黄光、品光、青色光就是指的间色光，三色光同时相加得白色光。若三原色按不同比例相加混合就会得出自然界的一切色光。人们把这一过程中色光相加混合得到其它颜色色光的变化规律称为色光加色法。

色料和色光是截然不同的物质。从色料混合实验中，人们发现，能反射光谱较宽波长范围的色料青、品红、黄三色，能匹配出更多的色彩。在此实验基础上，人们进一步明确：由青、品红、黄三色料以不同比例相混合，可以调配出其它任何色彩，且得到的色域最大，而这三色料本身却不能用其余两种原色料混合而成。因此，青、品红、黄三色为色料的三原色。

一般，青色与品红相加可得蓝色，青色与黄色相加可得绿色，品红与黄色相加可得红色，三色料同时相加得黑色。人们把这一过程中色料相加混合得到其它颜色的变化规律称为色料减色法。

色光加色法中红绿蓝三原色相加，颜色是越加越亮的，而色料减色法中青品黄三色料相加，颜色是越加越暗的。这是由于色料呈色过程中色料选择性地吸收了入射光中的补色成分，而将剩余的色光反射或透射到人眼中。减色法的实质是色料对复色光中的某一单色光的选择性吸收，而使入射光的能量减弱。由于色光能量下降，混合色的明度降低，混合后的颜色必然暗于混合前的颜色。

三、颜色复制原理

任何颜色复制都源于光的可叠加性与可分解性所决定的颜色感觉的可叠加性和可分解性，即基于颜色刺激的"分解"和"合成"来通过不同的设备与手段建立颜色复制的"分解"和"合成"。其中前述的分色技术就是颜色的"分解"，而将颜色"分解"获得的三原色或多基色，通过一定的方式叠加起来，形成面向各种目的的颜色复制的颜色刺激就是颜色合成。在印刷工业中，颜色合成是在选择的照明光下，通过叠印在承印物上的油墨网点来形成颜色刺激，实现颜色混合，还原出万千色彩。

颜色合成都是通过原色或基色网点的叠印来形成各种复杂的网点组合关系，从而形成所需要的各种颜色与色调。从网点空间拓扑关系来看，网点呈色仅仅通过网点叠合与网点并列两种基本方式来实现。

① 网点叠合是指在空间拓扑关系上，不同网点之间呈现出相交、重合或包含的状态。若一个黄色网点与一个品红色网点叠合，在白光照射下，黄色网点所反射出红光与绿光中的绿光会被品红色网点吸收，而只反射出红光，即人眼所看到的颜色。

② 网点并列是指在空间拓扑关系上，不同网点之间呈现出相离或相切的状态。若一个黄色网点与一个品红色网点并列，在白光照射下，黄色网点反射出红光与绿光，而品红网点反射出蓝光和红光，由于等量的红光、绿光和蓝光混合出白色，且网点之间距离很小，人眼最终看到的颜色就是混合后的红光，即红色。

印刷颜色复制都是经过分色、加网、制版和印刷来完成的，简而言之就是将原稿的颜色信息转换为在承印物上可以还原出原稿颜色的印刷油墨网点值。

事实上印刷呈色过程非常复杂。在二值印刷墨层厚度不变的状态下，光线穿过的墨层厚度相同，吸收和反射的光量相同，墨层对光只能产生吸收和不吸收两种状态。因此，在网点对照明光吸收的减色过程中，共产生了一次色的纸张白色（W）、黄（Y）、品红（M）、青（C），二次色的红（R）、绿（G）、蓝（B）以及三次色的黑色（K）8种颜色。

在照明光作用下，油墨网点形成的这8种颜色色斑的基本颜色刺激，由于这些色斑在正常视距下小于眼睛可分辨的能力，致使这些色斑形成的颜色刺激在眼睛中进行混色，形成了各种各样的颜色感觉。因此，印刷的最终颜色感觉是由油墨网点的减色混色和加色混色共同完成的。对于使用n种基色油墨的二值印刷来说，它们可以在承印物上组合出2^n种不同的色斑，即纽介堡基色。通过这2的n次方种纽介堡基色的加色混色就可形成印刷的千变万化颜色。

彩色印刷的实现主要有多色套印、改变墨层厚度和网目半色调印刷等三种方式。

① 多色套印：是指采用专色来实现彩色印刷的方法。这种印刷方法各颜色油墨不发生叠印，只印在相互分离或相切的各自特定区域。但这种方法存在着有多少种颜色就需要多少块印版和多少种油墨印刷的不足，常用于地图印刷、标签印刷以及木刻水印中。

② 改变墨层厚度：是指在印刷承印物上通过油墨厚度的变化来实现颜色的连续变化，印刷颜色数量取决于油墨墨层厚度变化的等级，如珂罗版印刷。

③ 网目半色调印刷：是指印刷墨层厚度不变，通过油墨网点百分比的变化控制印刷到承印物上的各基色油墨的比例，实现图像阶调变化和颜色混合的印刷方法，如胶印。

四、网点的作用及特性

平版印刷的特征之一就是利用网点呈色。在印刷之前，必须通过制版工艺把连续调原稿变成半色调（即网点），才能进行平版印刷。网点是颜色复制中表达颜色连续变化的基本单元。平版印刷主要通过网点状态（大小和形状）及其特征的变化来再现颜色变化。在平版印刷复制工艺中，网点起着下列特殊作用：

① 网点对原稿的色调层次起到忠实传递作用，是表现浓淡不等连续阶调的最有效办法。

② 网点在平版印版上是形成图文基础的最小感脂单位。

③ 网点在印刷彩色组合中，决定着墨量的大小，起组织颜色和图像轮廓的作用。

④ 网点是原稿复制再现的必要条件。

加网是指将图像离散化为不同疏密或面积的网点的过程。目前，主流加网技术有调幅加网技术、调频加网技术以及混合加网技术。网点的构成主要有调幅加网、调频加网（图3-2）和混合加网三种方式，其构成要素分述如下。

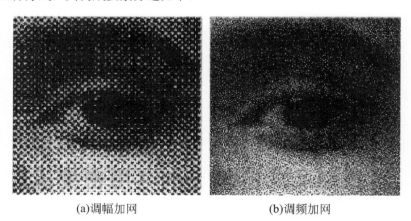

(a)调幅加网　　　　　　　　　　　(b)调频加网

图3-2　调幅加网与调频加网的比较

（1）调幅加网

调幅加网是一种采用点聚集态网点技术的加网方式，也是最经典的网点构成方法。调幅加网技术所构成的网点单个网点等距离分布，但直径不同（或面积不同，由网点形状决定）。目前，调幅加网主要采用数字加网算法的RIP（栅格图像处理器）来实现。

其构成要素包括：

① 网点形状。网点形状是指网目半色调图像中50%处网点的外观形状。常见的网点形状

有圆形、方形和链形。网点形状不同，阶调层次细节再现的效果会有所差异，网点扩大规律也不相同。如图3-3所示为不同网点点型形状。

图3-3　不同类型网点点型形状

② 加网角度。加网角度是指网点排列方向中心点的连线与图像水平边缘或垂直边缘的夹角，如图3-4所示。

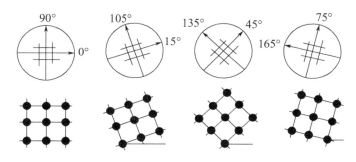

图3-4　加网角度

常用的四色加网角度是0°、15°、45°、75°。45°网角对视觉干扰最小，视觉效果最好。在多色印刷时，各色版之间的加网角度必须大于22.5°才能避龟纹产生。

③ 加网线数。加网线数是指单位长度内线对数或半色调图像中单位长度内黑白网点的对数，常用线/厘米或线/英寸来表示。加网线数表示了网点基本单元的精细程度，加网线数越高，网点越精细，能够表示的细节越多，层次的表现越丰富，反之层次就差。

④ 网点百分比。网点百分比是指加网单位面积内网点面积所占的百分比。在调幅加网中，由于所有相邻网点间的距离相同，而网点大小不同，网点百分比直接表示了加网图像层次的深浅。网点百分比越大，图像层次越深。网点百分比100%就是印刷中的"实地"，网点百分比0%就是印刷中的"绝网"。

（2）调频加网

调频加网是一种采用点离散态网点技术的加网方式，是由直径相同的网点，以随机分布的频率来表示不同的网点百分比或灰度，即通过单位面积内网点的数量来表现层次细节。其构成要素包括：网点形状、网点百分比以及网点直径。其中，网点直径是反映加网精细度的重要指标，网点直径越小，加网质量越高。目前，印刷工业应用的最小的网点直径是10nm。调频加网的最突出优点是消除了加网角度对图文质量及其细节表达的影响，特别是龟纹、玫瑰斑等诸多制约印刷品质的因素。

（3）混合加网

混合加网是一种结合调幅加网和调频加网两种技术优势的新型加网技术。混合加网技术主要有两种加网方法：

① 规则分布的单元网格中网点由数目随机、大小随机、位置随机的子网点组成，即子网点在一定范围内随机产生。

② 在不同的阶调层次区域采用不同的加网方法，但所有网点的位置是随机的。比如在高光、暗调区域采用调频加网，在中间调区域采用调幅加网。这种新型加网既有效解决了调幅加网存在的龟纹、玫瑰斑等难题，又很好地应对了调频加网对印版分辨率要求高、版面清洁度和水墨平衡难控制等对印刷过程中的苛刻要求以及印刷的不确定性等实际状况，还有效控制了网点扩大对印刷品质的影响。

五、油墨的叠印

在多色印刷中，后一色油墨在前一色油墨上附着，称之为油墨的叠印。在胶印过程中叠印能够实现的条件为：首先，先印刷的油墨能被后印刷的油墨所润湿；其次，先印刷的油墨内聚力要小于后印刷的油墨内聚力，这是能够实现叠印的基本条件。

叠印质量的好坏直接决定多色印刷质量的好坏，叠印出现问题，多色印刷就不能顺利实现。合理的印刷色序是保证油墨正确叠印的基本条件。以下是印刷色序的安排原则：

从油墨性能方面来说，透明性低的油墨先印、透明度高的油墨后印；黏度、黏性高的油墨先印，粘度低的油墨后印。这是由于在叠印的过程中，后一色油墨对前一色油墨有一定的遮盖作用，如果将透明度低的颜色放在后面印，那前一色墨的色彩特征基本上就无法从视觉上体现出来。因此，要将透明度高的油墨放在后面。而针对粘度对叠印的影响，我们可以假设一下，将粘度高的油墨放在后面印刷会有什么样的后果出现？是的，如果粘度高的油墨后印，那当前一色墨已经顺利转移到印张上时，要印后一色墨。由于后一色墨的粘度高于前一色墨，在两色墨接触并分离的时候，粘度大的油墨会粘住粘度低的油墨，造成的印刷故障就是反粘。不但后一色墨没有印到印张上，反而将已经印到承印物上的前色墨从印张上剥离，导致印刷不能顺利进行。因此，粘度高的墨色要放在前面印，粘度低的油墨要防在后面印。

就原稿的内容和特点方面而言，次色调的颜色需先印，主色调的颜色后印。例如，以文字和黑色实地为主的印刷品，一般采用青、品红、黄、黑这种印刷色序。由于后色墨对于前色墨有一定的遮盖作用，所以顺序越靠后的墨色，自身的色彩再现情况就越好，因此主色调要放在后面印。

日常生活中，一般墨色的排列顺序是K、C、M、Y或K、M、C、Y。这是能顺利实现彩色油墨叠印的条件，油墨的叠印率决定了色彩的再现效果。油墨的叠印一般分为两类：干式叠印和湿式叠印。干式印刷又称湿压干，是指在前一色印刷干燥之后再叠印第二色油墨的方式。这种叠印方式一般出现在单色、双色的多色印刷中。干式叠印中油墨的分裂机理为第二色油墨的中心分裂。在干式印刷过程中，一定要注意两色叠印的时间间隔，防止反叠印的发生！湿式印刷又称湿压湿，是指在前一色印刷还没有干燥之前就进行第二色油墨叠印的方式，这种叠印方式一般出现在四色印刷中。湿式叠印油墨分裂机理为两色油墨的中心分裂。下面为不同的叠印率计算方法：

$$f_{2/1} = \frac{y_{2,1}}{y_2} \times 100\%$$

该公式为通过重量测量法计算油墨叠印率，其中，$y_{2,1}$ 是第二色油墨叠印在单位面积第一色油墨上的重量，y_2 是第二色油墨叠印在单位面积纸张上的重量。

以下是通过密度测量法计算油墨叠印率：

$$f_{2/1} = \frac{D_{1+2} - D_1}{D_2} \times 100\%$$

其中，D_{1+2} 是二色油墨叠印的总密度，D_1、D_2 分别是第一、二色油墨叠印在单位面积纸张上的密度。

油墨的叠印决定了色彩的还原程度，进而决定了印刷产品质量的好坏。要印出高质量的胶印产品，就要掌握印刷色序的排列原则，掌握能顺利实现油墨叠印的基本要素。

六、彩色印刷色序安排原则

印刷色序是指油墨叠印的先后次序，也就是说哪个色先印，哪个色后印。

1.印刷色序对印刷色彩的影响

印刷色序影响印刷品的色彩再现与色彩还原，色序不同，印刷效果不同。后印色总会部分阻挡先印色墨的呈色效果，结果是后印色显色效果更明显。

2.印刷色序确定原则

对于不同产品、不同印刷机，确定印刷色序的原则不相同。下面主要针对彩色印刷品，按印刷机不同分别进行介绍。

（1）四色机色序确定原则

四色机色序主要根据油墨的透明度不同来确定，透明度高的后印，透明度低的先印。在四色墨中，黄透明度高，黑透明度低，品红、青透明度相差不大，所以，四色机常见色序为K、C、M、Y或K、M、C、Y。

（2）双色机色序确定原则

双色机色序主要根据产品套印情况及看色的方便性确定，因黄色看色较困难，所以，双色机一般M、C先印，Y、K后印。如果其中某两色套印要求高，就可以把该两色同时印，从而保证这两色套印准确，不会因纸张变形而影响套印精度。

（3）单色机色序确定原则

单色机色序主要根据看色方便性及产品套印要求确定，一般色序为CMYK、MCYK、KCMY。为了减少色与色之间的套印误差，一般要求套印精度要求高的色之间连续套印完毕，避免套印时间间隔过长造成纸张变形引起套印不准故障。所以，当某色与色之间套印精度要求较高时，一般

平版胶印技术与操作

要把这两色连续安排印刷，中间不能插印其它色。因黄色不方便看色，所以，黄色一般都安排在CM印完后再印。黑版可根据产品主色调情况安排在最前面印，也可安排在最后面印。

（4）其它色序确定原则

受墨面积小的先印，受墨面积大的后印；油墨黏性小的后印，油墨黏性大的先印；原稿主色调为暖色调，先印青后印品红，原稿主色调为冷色调，先印品红后印青；大实地版后印，网点版、文字版先印；文字或暗调为主的原稿，黑版最后印。当色序安排原则冲突时，优先考虑对产品质量影响较大的因素，确保印刷质量综合效果最佳，要"丢车保帅"，灵活运用，不能死套公式。

七、多色机印刷校版与校色

1. 校版

多色机与单色机在校版方面的主要区别如下：

调节多色机前规与侧规位置只能改变图文在纸张上的位置，不能改变各色之间的相对位置关系，即不能通过调节前规与侧规来校正印版之间的套准问题。

一般情况下，要改变图文在纸张上的左右位置只能调节侧规，要改变图文在纸张上的上下位置只能通过"借滚筒"操作来调整。前0.5mm只能用微量校正，图文在纸张上的水平度（叼口水平度），一般调节量不得超过0.5mm，即前规歪斜度不超过0.5mm。如果图文歪斜度超过0.5mm就必须通过移动印版来校正。

多色机一般都配置有印版位置微调装置，可以实现印版的来回调节、上下调节及斜向调节，且一般都可在印刷机控制台进行操控，操作简单方便。当各印版之间的套印误差较小时，都应首先通过印版微调装置进行校正。为了使印版位置微调装置发挥最大作用，在装版前都要进行归零操作，使微调装置回到中间位置（零位），但中途换版可不用归零。

现代高速多色单张纸胶印机自动化程度很高，装版与校版都能实现自动化，版夹上已没有手工拉版机构。版与版之间的套准主要依靠精确的印版打孔定位、精确的晒版定位及印版微调装置来实现。这类印刷机一般都必须配备印版打孔机，并且要求晒版定位精确，或者使用CTP输出印版，以确保印版装到机器上以后误差非常小（在印刷机可微调的范围内），否则要重新晒版或输出印版。有些印刷机还可实现自动校版，晒版时输出套准标记，印刷机就可自动实现套准操作，无须人工校准。因此，对于高速自动化装校版的印刷机，装校版已很简单，装校版时间也非常短，校版已不再是多么难的操作，也不再是什么技术活。技术进步将使印刷操作变得越来越容易。

2. 校色

单色机套印多色是通过单色样来校对颜色的，如果没有单色样就只能凭经验来判断了。这对初学者而言，一般是看不准的，故印刷出来的彩色印刷品，其颜色是很不准确的。即使是有经验的印刷操作者，如果没有单色样，最后印刷出来的彩色印刷品的颜色也是很难跟到色的。即使有单色样，单色印刷时，其中任何一色稍微有点偏差，其最终结果就会差很多，往往也是跟色效果不佳，很难与原稿保持一致。多色印刷机就不同了，一次印出四个色来，最后结果出来了，只要认真跟好色样就行了，相对而言，比单色机就容易多了，跟色的准确性也会提高许多。

多色机印刷，一次印出多色来，哪个色墨大、哪个色墨小要认真仔细观看，千万不要把墨色搞错了，这对校准颜色而言非常重要。多色印刷校色的重点是色与色之间的平衡关系，即灰平衡的实现。

现代多色胶印机一般都具有油墨遥控功能，可在油墨控制面板上进行墨量调节，校色操作相当简单，这就给校色带来了极大的方便，特别是预上墨非常方便。预上墨时，可以把所有墨区间隙开到最大，设置墨斗辊转数就行了。这对任何印刷品的预上墨都有效，即所有的预上墨基本上可以同样操作，实现程序化、自动化。油墨自动调节功能还为再版印刷校色带来了极大的方便，再版印刷时，只要把上次印刷所使用的油墨调节数据重新调出来就行了，不用再进行墨色调节了。

在部分胶印机上还配有油墨自动控制系统，可实现油墨的自动调节功能，无须人工干预。首先把印刷质量标准或样张的颜色信息事先扫描输入印刷机中，印刷过程中可通过人工扫描或机器自动扫描功能把印刷品颜色信息输入印刷机中，然后由印刷机对比分析后自动进行墨色调节，从而保证每张印刷品的颜色都与样张颜色保持一致，确保印刷质量稳定。这样就实现了校色工作的自动化。

八、彩色印刷质量标准

随着彩色印刷工艺的飞速发展，客户也期望有更大的色彩稳定性和更高的印刷质量。印刷产业是一个高度分散的工艺过程，在彩色图像的复制中涉及许多不同的公司。色彩感觉的特点使得不同公司的交流十分困难，印刷质量标准的实施显得尤为重要。

1.图像质量的特征参数

（1）阶调和色彩再现

阶调和色彩再现是指印刷复制图像的阶调平衡、色彩外观跟原稿相对应的情况。就黑白复制来说，通常都用原稿和复制品间的密度对应关系表示阶调再现的情况（复制曲线）。就彩色复制品来说，色相、饱和度与明度数值更具有实际意义。

影响阶调和色彩再现的因素有油墨、承印材料、实际印刷方法的固有特性及经济方面的影响与制约。例如：在多色印刷时，采用高保真印刷工艺就能够取得比较高的复制质量，可是那将是以提高成本为代价的。所以对于以画面为主题的印刷品来说，阶调与色彩的最佳复制是在印刷装置的各种制约因素与能力极限之内，综合原稿主题的各种要求，生产出多数人认为是高质量印刷图像的工艺与技术。

（2）图像分辨率和清晰度

分辨率的影响因素主要取决于网目线数，此外，还受承印材料与印刷方法的制约及套准变化的影响。清晰度是指阶调边缘上的反差。在分色机上，通过电子增强方法，能够调整图像的清晰度。倘若增强太多，会使风景或肖像之类的图像看起来与实际不符，但对于像织物及机械产品的图像，却能提高表现效果与感染力。

（3）龟纹、杠子、颗粒性

龟纹、杠子、颗粒性均会影响到图像的均匀性。

（4）表面特性

表面特性包括光泽度、纹理和平整度。对光泽度的要求依据原稿性质与印刷图像的最终用途而定。一般来说，复制照相原稿时，使用高光泽的纸张效果较好。

在实际印刷中，有时需要使用亮油来增强主题图像的光泽。光泽度高，会降低表面的光散射，从而增强色彩饱和度与暗度。然而，用高光泽的纸张来复制水彩画或铅笔画时，效果并不太好。使用非涂料纸或者无光涂料纸，却可以产生较好的复制效果。

纸张的纹理会在某种程度上损坏图像，通常应避免使用有纹理的纸张复制照相原稿。但使用非涂料纸复制美术品时，纸张原有的纹理会使印刷品产生更接近于原稿的感觉。

2.印刷产品的等级及对应的要求

根据《印刷产品质量评价和分等导则》（CY/T2—1999），印刷产品的等级分为以下三个等级。

优等品——达到国际先进水平。

一等品——达到国内先进水平。

合格品——达到国内一般水平（符合现行国家标准、行业标准或企业标准）。

而企业一般将印刷产品分为以下四类。

（1）A类产品

内容：文字图像与样稿一致，文字清晰完整，不可缺笔断画，甚至图文遗失。

颜色：颜色跟准样板或客户要求，且一批货颜色稳定。

套准：套印不可有肉眼可见的误差。侧规、前规误差小于0.1mm。

外观：无任何明显刮花、粘花、墨杠等外观不良情况，脏点、墨皮不超过规定标准（主要位置杂点面积不得超过0.3mm²，同一页数量不超过一个；普通位置杂点面积不得超过1mm²，同一页数量不超过两个）。

（2）B类产品

内容：文字图像与样稿一致，文字清晰完整，不可缺笔断画，甚至图文遗失。

颜色：颜色跟准样稿，不得损失印品高光、暗调层次，同一批产品颜色稳定，实地密度差别小于±0.1。

套准：套印准确，B类产品主要位置误差不得超过±0.1mm，普通位置不得超过±0.2mm。侧、前规稳定，对后加工工序有套印烫金、局部UV、精确跨图、以明显颜色差别作为折线标等要求的印刷品，对侧、前规要求很严格，误差不得超过±0.1mm，其余误差不超过±0.5mm。

外观：印刷位置正确，保证后工序有足够出血位，有效图文能完整保留在成品上，无效图文能被修切掉。水墨保持平衡，不可因水小而脏版或水大造成颜色变浅、飞水。墨皮、明显脏点等缺陷不得超过以下标准：主要位置杂点面积不得超过1.0mm²，同一页不得超过两个；普通位置杂点面积不得超过1.5mm²，同一页不得超过三个。喷粉量适中，不能黏花，也不可因喷粉太大影响后工序，如覆膜生产。不得有刮花、拖花、墨杠等明显影响产品外观的缺陷。

（3）C类产品

产品质量有轻微缺陷，超出B类产品标准，且数量较多，检页后不够交货数量，但此类问题不会引起客户投诉。

（4）D类产品

产品质量有较明显缺陷，超出B类产品标准，且数量较多，检页后不够交货数量，且此类问题可能会引起客户投诉，但不会被退货或罚款。

3.彩色印刷的质量标准

根据《平版印刷品质量要求及检验方法》（CY/T5—1999）对平版印刷品质量的要求及检验方法，印刷品质量衡量指标有以下几点：

① 阶调值：黄0.80～1.05、品红1.15～1.40、青1.25～1.50、黑1.20～1.50，一般印刷品亮调网点再现值为3%～5%。

② 层次。高、中、暗调分明，层次分明、网点清晰、光洁、完整，能还原原稿层次，无变形、丢失。

③ 套印。图像位置套印准确，角线、十字线套准。以红版为基准，误差±0.2mm，套印误差面积在印刷幅面的1/10以内。

④ 网点质量。不出重影，一般印刷品网点扩大率（50%处）为10%～25%。

⑤ 相对反差K值为

$$K=（D_{实地}-D_{75\%}）/D_{实地}$$

一般印刷品的K值范围：黄版为0.20～0.30，品红、青、黑版为0.30～0.40。

⑥ 颜色。同批产品不同印张的实地密度允许误差为：

品红、青≤0.15

黑≤0.20

黄≤0.10

颜色符合客户样张，自然协调。

⑦ 版式、规格、裁切尺寸需符合生产工程单要求，多次（机台）印刷时规格一致。印刷品色相以样张为标准，无明显偏差。印刷品墨色均匀一致，墨量适中，印迹干燥后颜色鲜艳、饱满、有光泽，目测质感强，无脱色、手擦脱墨现象。产品的色调、质量前后应一致，三天后无不干现象。

⑧ 外观。版面干净，无明显折痕，不糊版，无皱折，产品卫生，正反面无黏脏、拖花、油污等现象。

相连页码位置允差≤3.0mm，画面接版允差＜0.5mm，墨色一致，印刷品正、反面页码对齐。文字清晰，无重影，无明显缺笔断划、糊字和坏字。

▶ 微信扫码 ◀
典型故障与质量控制解析

☀ 任务思考

1. 什么是加色法?
2. 写出色光加色混合颜色变化规律。
3. 什么是滤色片? 常用的有哪些?
4. 什么是分色? 常用的分色仪器有哪些?
5. 黑版在印刷中有什么作用?
6. 什么是四色印刷?
7. 印刷色序对印刷色彩有什么影响?
8. 四色机色序确定原则有哪些?
9. 双色机色序一般如何确定?
10. 单色机色序确定原则主要有哪些?
11. 多色机与单色机在校版方面主要有哪些区别?
12. 多色机与单色机在校色方面主要有哪些不同?

◆ 任务练习

1. 根据指定产品进行印刷色序安排,写出理由。
2. 根据提供的产品分析色序对印刷色彩再现的影响。

任务二 酒盒包装产品的胶印工艺及操作

任务实施 普通酒盒包装产品的胶印

1.任务解读

根据生产施工单要求,印刷K、专蓝、专红、Y4色的折叠酒盒面纸,其成品规格为115mm×105mm×265mm,面纸纸张为350g/m² 灰底白板纸,上机尺寸为477mm×870mm,印后加工工艺为烫金、覆光膜、压纹、对裱、模切、黏盒。

图3-5所示为酒盒模切线示意图。实际印版无模切线。注意大版图中的辅助标识线,不得超出纸面侧规检查线、前规检查线和识别色块。

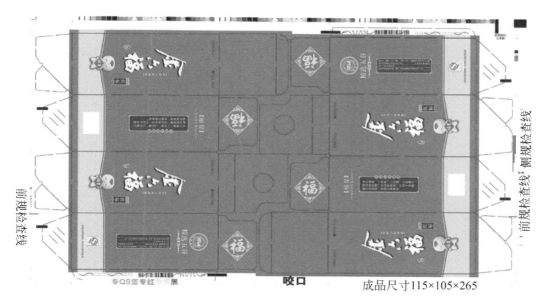

图3-5　酒盒模切线示意图

2.设备、材料及工具准备

印刷设备为三菱3F对开4色胶印机，其最大纸张尺寸为1020mm×720mm。纸张为指定品牌的350g/m²、宽889mm的卷筒纸分切得到，纤维方向垂直于477mm方向。印版为1030mm×800mm的紫激光印版。油墨为杭华系列快干油墨。印刷中使用喷粉。

3.课堂组织

分小组，每组5人，实行组长负责制。每人领取一份实训报告。印刷结束时，教师根据学生调节过程及效果进行点评，现场按评分标准在报告单上评分。

4.操作步骤

（1）操作流程

首先领取如表3-1所示的生产施工单，明确产品名称、规格、数量，各工序放数，上机纸张。

对品种、规格、尺寸、用色、色序等要求理解无误后，由机长凭生产施工单到晒版房领取印版，并提取加工该单产品所需色样、大版样、成品样。

领取印版时，需对照施工单的内容校对，检查印版有无破损、划痕。晒版应图文和网点再现良好、无缺失，3%网点不丢，97%网点不糊，中线、规矩线、修切线、色标齐全，无脏点，无龟纹。咬口位置正确，图文无歪斜，产品追溯、识别标识齐全，且在产品品面之外。若属重复生产工单，则可从资料室同时领取工艺技术档案，作为本次生产数据参考。

表3-1　普通酒盒施工单

××公司生产施工单										
订单号：××××		版次：×版		工单编号：××××		业务员：×××			制单人：×××	
印件信息										
印件名称	42%475ml××酒红标内盒			交货日期	×年×月×日		成品规格		115×105×265	
客户名称	××公司			合同数量	250000		计量单位		个	
原样稿	大版样：1；成品样：1；印刷原样：1；色样：1									
部件信息										
部件名称	开料尺寸	物料名称	品牌	实用数	伸放数	总用数	联数	色数	库存、备注	
外盒面纸	477×870	350g灰白纸	××	125000	3450	128450	2	4	材料已订，纤维方向垂直477mm	
对裱纸	略	350g灰白纸	××	125000	3450	128450	2	4	材料已订，纤维方向垂直477mm	
色序	正面色序	中盒：K，C，M，Y				反面色序				
工艺信息										
部件名称	工序名称	计划产量	损耗	计划交货	发外否	工艺要求				
中盒	切纸	1325	0	1325	否	纤维方向垂直835				
	晒版	4	0	4	否	CTP照大版标注用1030×800版晒				
	胶印	1325	200	1125	否	照色样用××油墨印刷				
	亚膜	1125	40	1085	否	用××覆膜胶，覆××840mm亚膜，不起泡，不打皱				

　　按工单说明到调墨房提取与待印产品相匹配的油墨（专色墨的调配由调墨员按工单要求调配）和所需助剂，并到白料区取纸。有环保要求的产品，使用的油墨必须是通过认证的油墨。检查纸张开料尺寸、纸张品种、品牌是否与工单要求相符，色相是否符合付样。有纤维方向要求的应符合生产施工单要求。特种纸张应检验纸张裁切的误差，误差应在1.5mm以内，无长短不一、破纸、毛边、丁角等缺陷。

　　（2）工艺准备

　　机长按工单确定印刷色序为K、专蓝、专红、Y，认真领会施工单工艺要求。安排色序要结合产品各色面积大小、颜色叠加关系、油墨印刷特性等。

　　助手安装印版。点动印刷机，使印版滚筒咬口和拖梢之间的安装槽处于最容易工作的位置停下。将印版的咬口插入上面的版夹，插入时要平整。插好后，核对定位孔确定印版位置，用专用工具锁紧。正点动印刷机，到拖梢部分最容易装版位置放下，将版尾插入，用专用工

▶ 微信扫码 ◀
半自动上版操作

▶ 微信扫码 ◀
半自动卸版操作

▶ 微信扫码 ◀
105型胶印机更换橡皮布

具锁紧，并张紧印版。油墨转移（印版至橡皮布）靠过量压力（0.1～0.15mm）实现，三菱版衬垫为0.1mm厚的涤纶片，版滚筒缩径量0.27mm，版厚0.28mm。

$$版厚度+衬垫厚度-缩径量=0.28+0.1-0.27=0.11（mm）$$

0.11mm即为过量压力，高于滚枕，低于0.1mm网点转移不良，高于0.15mm则版、橡皮滚枕不能接触，运转不良。

助手安装气垫橡皮布。点动运转印刷机，在拖梢部橡皮布张紧轴显露的位置停止运转。打开咬口侧压版，将橡皮布的夹板牢牢地插入橡皮布张紧轴的槽内，锁紧张紧轴。点动运转印刷机，在橡皮布和衬纸容易装入的位置停止运转，将其装入。安装结束后，用专用工具张紧橡皮布。印刷过程中橡皮布受挤压会略有膨出，加衬垫后可不高出滚枕。

$$橡皮布厚度+衬垫厚度-橡皮滚筒缩径量=0（mm）$$

橡皮布厚1.96mm，装好绷紧后为1.92mm，则：

$$衬垫厚度=橡皮滚筒缩径量-橡皮布厚度=2.45-1.92=0.53（mm）$$

因橡皮布膨出量存在误差，所以衬垫厚度为0.52～0.55mm，通常用铜版纸。衬垫纸两端不得超出滚筒滚枕。

衬垫的加装均应按印刷机说明书标准滚筒缩径量参数加装。

在水箱中注入有比例的润版液，将电机打开。检查是否正常供水到机器上的水斗槽内，做到水辊平，供水量准确、均匀，循环稳定。润版液的酒精浓度控制在10%～12%，温度控制在10℃～12℃，pH值控制在5.0～6.0。将各色油墨分布、纸张规格、压力等参数输入遥控操作台。

放墨在墨槽（墨槽不干净时应先洗净），并用墨铲推匀，通过调节使墨辊传墨均匀，即墨平。调校拉规和飞达。

油墨辅助材料加放一般由调墨房负责，上机后根据产品效果，经印刷车间主管以上人员同意后再加放，加放量不能超过3%，否则须停机，经印刷主管批准后再进行生产。

（3）印刷机输纸部分调节

① 将纸按中心线对折（长度方向），设定供纸位置。

② 将松好的纸齐好后放到供纸台上。要求上好的纸平整、无卷曲，纸张松透无粘连，纸在纸台位置左右居中。如发现异物立即清除。翻面印刷咬口勿颠倒。特种纸须由机长确定纸张正反面后方可上纸生产。

③ 将前规操作面、驱动面的叼纸控制调节位置放在零位，以便打开前规。使机器低速运

转，让供纸台升高到第一吸嘴处的基准线。根据纸张的厚度确定调节前规的高度。

④ 调整纸张左右位置至870mm，确认拉规位置，并锁紧拉规。

⑤ 根据纸张大小确定飞达头前后高低位置及分纸毛刷、钢片条左右前后位置。

⑥ 将纸张对准前挡规，并调整送纸轮。

⑦ 测定纸张厚度为0.40mm，根据纸厚度调整送纸轮的弹簧。

⑧ 低速运转机器，以确定前挡规和侧规的位置，并根据纸张厚度调节各吸嘴位置及吸嘴的风量大小。

⑨ 为有效控制双张，双张控制器的光电部分每天清扫一次。

（4）印刷机收纸部分的调节

根据纸张大小，调整纸台前后左右位置。在收纸时，根据纸张和油墨干燥情况加放收纸隔板。

根据纸张类型和图文墨量设定正确的喷粉量。机速设定上限为11000张/小时。

有环保要求的产品在使用前，墨斗中的余墨应已清洗干净，并将胶辊清洗干净，确保所用环保材料不被污染，并做好清洁记录。

5.签收张样

校样由机长和助手共同完成。机长用同规格尺寸的10张左右过版纸后加2张白纸，对印刷产品的尺寸位置校样，按公司"纸包装产品检验标准"进行检验。

在版式、位置与付印样一致后，按施工单规定正式用纸试印校色。校色时放70张左右过版纸后加3～5张白纸，油墨从墨斗转移至印版，反映出墨斗开牙量大小，大约要印刷65～70张纸。使用彩色分光密度计测量黑色实地密度值，通常K取1.4～1.7。专色测量实地$L^*a^*b^*$值和色差，$L^* \leqslant 50$时，主要部位$\Delta Eab^* \leqslant 4.00$。套印误差，主要部位$\leqslant 0.15$mm。

在各项与付印样一致后，由车间主管签首张样，经过检验员复核后，方可投入批量生产。批量生产前将印版上表明自己机组代号的数字消去。

将胶印参数及相关内容记录在"工艺技术档案"上。

6.过程质量控制

生产过程中应勤看版面润版液情况，勤搅墨槽。机长按"前工序检验规程"抽样，对照"纸包装产品检验标准"检验，以确保产品质量的一致性，防止批量产品不合格。检验结果要记录在"生产过程产品质量抽查记录表"上。

每批产品上必须开具"生产过程控制作业传票"，按传票填写规定规范填写。

对每个工序的不合格品应选出并隔离、标识，清点数目后如实填写日报表。

选用品必须分隔标识。

7.结束

印刷结束后，要由全机组人员进行机器的清洁工作。

机长负责将遥控台的数据归零，关闭遥控台开关，对现场的校版纸、不合格纸及已印产品进行清理，记录当日的产量、质量状况。

助手清洁墨斗，先将墨拿出放墨罐中，用蘸有清洗剂的擦布清洁墨斗槽。

助手将铲墨器放入各色序指定位置上，注意在没有向墨路浇汽油之前，不能将铲墨器拧紧。将印版从版滚筒上取下，若有保版要求的将印版清洗干净，用保版胶保版，标识后避光存放。

一切就绪后，运转机器清洁墨路，拧紧铲墨器。注意墨刀背面不能有干墨堆积，正面不能有油墨堆积。清洗完毕后，及时清洁铲墨器。

清洁完成后，将橡皮滚筒和压印滚筒清洁干净。尤其要将滚筒肩铁清洁干净。关闭机器总开关，将空压机中的气放掉。清洁机器外表。填写交接班记录和生产日报表。准备与下一班交接。

任务知识

一、普通酒盒胶印工艺特点

其特点主要如下：

① 承印材料通常使用灰底白板纸，也有的用白卡纸和金银卡纸。

② 为保证酒盒强度，通常会印对裱纸，与面纸配套对裱，对裱纸纤维方向与面纸垂直。

③ 印刷设色既有4色、4色加专色，也有黑色加全专色，挂网线数以175线为常见。

④ 为保证视觉效果，多用大面积实地专色，甚至同一色用两个实地版叠印。

⑤ 客户通常关注同批同色色差。若承印材料为金银卡纸，采用UV印刷较多，此时测量色差需使用积分球式彩色分光密度计。

安排色序时主要考虑油墨黏度、油墨的透明度、各色叠印关系、需表现的主要色彩及印刷面积大小等。多色机因为要"湿压湿"，即黏度大的油墨先印，面积小的油墨先印，故本产品的印刷色序为K、专蓝、专红和黄。

二、工艺操作中与后工序衔接的注意事项

配合烫金、凹凸、压纹等对相应色版进行陷印（补漏白）处理。为便于进行后工序检查、套合等，应加辅助标识线，如超出纸面侧规线，应检查规矩、加覆膜边界线等。为避免出现覆膜粉痕，喷粉量应准确控制。

酒盒包装外观用色相同而酒精度不同的情况常见，因此要在产品上加明显的识别标识。印刷不同酒精度的产品时，要做好时间和空间的隔离。

任务思考

1.普通酒盒胶印工艺特点如何？

2.如何控制普通酒盒胶印时的质量？

▶ 微信扫码 ◀
典型故障与质量控制解析

◆ 任务练习

1. 根据提供的产品进行印刷工艺操作分析，写出报告。
2. 对提供的普通酒盒进行印刷工艺分析，写出工艺操作报告。

任务三　精品酒盒包装产品的胶印工艺及操作

任务实施 典型精品酒盒产品印刷

1.任务解读

根据生产施工单要求，印刷白、K、C、M、Y、专黄6色的精品酒盒面纸，其成品规格为150mm×130mm×280mm，纸张为280g/m² 激光全息定位纸，上机尺寸为813mm×592mm，印后加工工艺为覆亚膜、丝印、压纹、凹凸、模切、品检、粘盒。

图3-6所示为典型精品酒盒模切线示意图，实际印版上无模切线。注意大版图中的辅助标识线，不得超出纸面侧规检查线、前规检查线、识别色块和覆膜边界线。

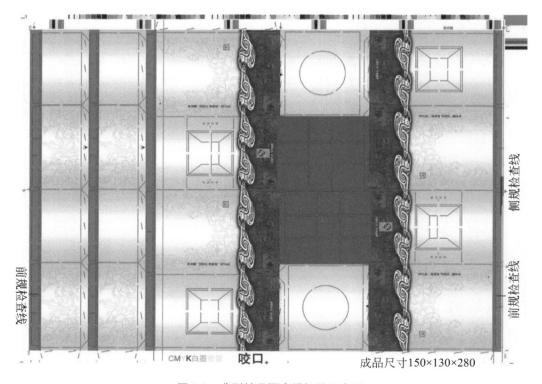

图3-6　典型精品酒盒模切线示意图

2.设备、材料及工具准备

本任务选用的印刷设备为曼罗兰700印刷机，对开6色胶印机，其最大纸张尺寸为1040mm×740mm。纸张为280g/m² 灰底激光全息定位纸，纤维方向垂直于813mm。印版为1030mm×785mm的紫激光印版。油墨为杭华系列UV油墨。印刷过程中使用UV橡皮布，胶辊为UV胶辊。

3.课堂组织

每组5人，实行组长负责制，每人领取一份实训报告。印刷结束时，教师根据学生调节过程及效果进行点评，现场按评分标准在报告单上评分。

4.操作步骤

（1）操作流程

首先领取生产施工单，明确产品名称、规格、数量，各工序放数，上机纸张品种、规格、尺寸，用色，色序等要求。理解无误后，由机长凭"生产施工单"到晒版房领取印版，并提取加工该单产品所需色样、大版样、成品样。施工单如表3-2所示。

表3-2　典型精品酒盒生产施工单

×× 公司生产施工单									
订单号：××××		版次：×版	工单编号：××××		业务员：×××			制单人：×××		
印件信息									
印件名称	45%500ml 西凤酒礼盒		交货日期	×年×月×日		成品规格	150mm×130mm×280mm		
客户名称	×× 公司		合同数量	840000		计量单位	个		
原样稿	大版样：1；成品样：1；印刷原样：1；色样：1								
部件信息									
部件名称	开料尺寸	物料名称	品牌	实用数	伸放数	总用数	联数	色数	库存、备注
外盒面纸	813mm×592mm	280g 定位纸	××	420000	21900	441900	2	6	纸张已订购
工艺流程	外盒面纸：晒版→胶印→亚膜→丝印→压纹→凹凸→模切								
色序	正面色序	外盒面纸：白、K、C、M、Y、专黄				反面色序			
工艺信息									
部件名称	工序名称	计划产量	损耗	计划交货	发外否	工艺要求			
中盒	晒版	6	0	6	否	CTP			
	胶印	441900	2800	439100	否	严格照色样UV印刷，套准纸上图文			
	亚膜	439100	1300	437800	否	覆××830mm亚膜，不起泡，不打皱			
	丝印	437800	1300	436500	是	局部丝印UV光油，套合准确			

领取印版时，需对照施工单的内容进行校对，检查印版有无破损、划痕。晒版应图文和网点再现良好、无缺失，3%网点不丢，97%网点不糊，中线、规矩线、修切线、色标齐全，无脏点，无龟纹。咬口位置正确，图文无歪斜，产品追溯、识别标识齐全，且在产品品面之外。若属重复生产工单，则可从资料室同时领取工艺技术档案，作为本次生产的数据参考。

按工单说明到调墨房提取与待印产品相匹配的UV油墨（专色墨的调配由调墨员按工单要求调配）和所需助剂，到白料区取纸。有环保要求的产品，使用的油墨必须是通过认证的油墨。检查纸张开料尺寸、纸张品种、品牌是否与工单要求相符，色相是否符合付样，有纤维方向要求的应符合生产施工单要求。特种纸张应检验纸张裁切的误差，一般在1.5mm以内，且无长短不一、破纸、毛边、丁角等问题。

（2）工艺准备

机长按工单确定印刷色序为白、K、C、M、Y、专黄，认真领会施工单工艺要求。安排色序要结合产品各色面积大小、颜色叠加关系、油墨印刷特性等。

助手安装印版。点动印刷机，使印版滚筒咬口和拖梢之间的安装槽处于最容易工作的位置时停下。将印版的咬口插入上面的版夹，插入时要平整。插好后，核对定位孔确定印版位置，用专用工具锁紧。正点动印刷机，到拖梢部分最容易装版位置处放下，将版尾插入，用专用工具锁紧，并张紧印版。油墨转移（印版至橡皮布）是靠过量压力（0.1～0.15mm）实现的，罗兰专用版衬垫厚0.35mm，已预先粘贴在版滚筒上，版滚筒缩径量0.5mm，版厚0.28mm。

$$版厚度+衬垫厚度-缩径量=0.28+0.35-0.5=0.13（mm）$$

0.13mm即为过量压力，高于滚枕，低于0.1mm网点转移不良，高于0.15mm则版、橡皮滚枕不能接触，运转不良。

助手安装橡皮布。点动运转印刷机，在拖梢部橡皮布张紧轴显露的位置停止运转。打开咬口侧压版，将橡皮布的夹板牢牢地插入橡皮布张紧轴的槽内，锁紧张紧轴。点动运转印刷机，在橡皮布和衬纸容易装入的位置停止运转，将其装入。安装结束后，用专用工具张紧橡皮布。印刷过程中，橡皮布受挤压会略有膨出，加衬垫后不高出滚枕。

$$罗兰机橡皮布厚度+衬垫厚度-橡皮滚筒缩径量=0（mm）$$

橡皮布厚1.96mm，装好绷紧后为1.92mm，则

$$衬垫厚度=橡皮滚筒缩径量-橡皮布厚度=2.6-1.92=0.68（mm）$$

因橡皮布膨出量存在误差，所以衬垫厚度为0.65～0.70mm，通常用铜版纸。衬垫纸两端不得超出滚筒滚枕。

衬垫的加装均应按印刷机说明书标准滚筒缩径量参数加装。

（3）注入润版液

微信扫码 ◀
换水操作

按比例在水箱中注入润版液，将电机打开，检查是否正常供水到机器上的水斗槽内，做到水辊平，供水量准确、均匀，循环稳定。润版液的酒精浓度控制在10%～14%，温度控制在8～12℃，pH值控制在5.0～6.0。

有金银墨印刷的产品生产前，必须全部换水并检测水槽中润版液pH值，保证pH值在7左右。

放墨在墨槽（墨槽不干净时应先洗净），并用墨铲推匀，通过调节使墨辊传墨均匀，即墨平。调校拉规和飞达。

油墨辅助材料加放一般由调墨房负责，上机后根据产品效果，经印刷车间主管以上人员同意后再加放。加放量不能超过3%，否则须停机，经印刷主管批准后再进行生产。

（4）输纸部分调节

① 将纸按中心线对折（长度方向），设定供纸位置。

② 将松好的纸齐好后放入供纸台上。要求上好的纸平整、无卷曲，纸张松透、无粘连，纸在纸台位置左右居中。发现异物立即清除。翻面印刷咬口勿颠倒。特种纸须由机长确定纸张正反面后方可上纸生产。

▶ 微信扫码 ◀
分版收纸方法步骤

③ 将前规操作面、驱动面的叼纸控制调节位置放在零位，以便打开前规。使机器低速运转，让供纸台升高到第一吸嘴处的基准线。根据纸张的厚度确定调节前规的高度。

④ 调整纸张左右位置至813mm，确认拉规位置，并锁紧拉规。

⑤ 根据纸张大小调整飞达头前后高低位置、分纸毛刷压纸位置，以及钢片条前后高低位置。

⑥ 将纸张对准前挡规，并调整送纸轮。

⑦ 测定纸张厚度为0.31mm，根据纸厚度调整送纸轮的弹簧。

⑧ 低速运转机器，以确定前挡规和侧规的位置，并根据纸张厚度调节各吸嘴位置及吸嘴的风量大小。

⑨ 为有效控制双张，双张控制器的光电部分每天清扫一次。

（5）收纸部分的调节

根据纸张大小，调整纸台前后左右位置。在收纸时，根据纸张和油墨干燥情况加放收纸隔板。

▶ 微信扫码 ◀
UV灯功率设定

UV印刷时要提前5～6min开启制冷柜，并提前6～7min开启紫外灯，使紫外灯达到预放光状态（即灯管启动调放光亮度50%左右）。

机速设定上限为11000张/小时。

对于有环保要求的产品，在使用前，墨斗中的余墨应已清洗干净，并将胶辊清洗干净，确保所用环保材料不被污染，并做好清洁记录。

（6）签首张样

校样由机长和助手共同完成。机长用同规格尺寸的10张左右过版纸后加2张白纸，对印刷产品的尺寸位置校样，按公司"纸包装产品检验标准"内容进行检验。

在版式、位置与付印样一致后，按施工单规定正式用纸试印校色。校色时放70张左右过版纸后加3～5张白纸，油墨从墨斗转移至印版，反映出墨斗开牙量大小，大约要印刷65～70张纸。使用积分球式彩色分光密度计测量黑色实地密度值，通常K取1.4～1.7。专色测量实地$L^*a^*b^*$值和色差，$L^* \leqslant 50$时，主要部位$\Delta Eab^* \leqslant 4.00$。套印误差，主要部位≤0.15mm。因定位纸有银色镜面反射，注意仪器应设置为"包含"镜面反射。印刷时要注意图文与定位纸图文的套合。

在各项与付印样一致后，由车间主管签首张样，经过检验员复核后，方可投入批量生产。批量生产前将印版上表明自己机组代号的数字消去。

胶印参数及相关内容须记录在"工艺技术档案"上。

（7）过程质量控制

生产过程中应勤看版面润版液情况，勤搅墨槽。机长按"前工序检验规程"抽样，对照"纸包装产品检验标准"检验，以确保产品质量的一致性，防止批量产品不合格。检验结果记录在"生产过程产品质量抽查记录表"上。

每车产品上必须开具"生产过程控制作业传票"，按传票填写规定规范填写。对本工序的不合格品应选出隔离、标识，清点数目后如实填写日报表。选用品必须分隔标识，工作结束。

印刷结束后，要由全机组人员进行机器的清洁工作。

机长负责将遥控台的数据归零，关闭遥控台开关，对现场的校版纸、不合格纸及已印产品进行清理，记录当日的产量、质量状况。

助手清洁墨斗，将油墨取出放回墨罐中，用蘸有清洗剂的擦布清洁墨斗槽，要求必须保证墨斗彻底清洗干净。

助手将铲墨器放入各色序指定位置上，注意在没有向墨路浇汽油之前，不能将铲墨器拧紧。将印版从版滚筒上取下，若有保版要求的将印版清洗干净，用保版胶保版，标识后避光存放。

一切就绪后，运转机器清洁墨路，拧紧铲墨器。注意墨刀背面不能有干墨堆积，正面不能有油墨堆积。清洗完毕后，及时清洁铲墨器。

清洁完成后，将橡皮滚筒和压印滚筒清洁干净。

关闭机器总开关，将空压机中的气放掉。UV印刷停车前须先关灯，后关冷却水，使灯管回到预放光状态。

清洁机器外表。填写交接班记录和生产日报表。准备与下一班交接。

任务知识

一、精品酒盒胶印工艺特点

其特点主要如下：

① 为了增加视觉表现力，体现产品特质，承印材料通常使用铝箔、镀铝PET膜复合纸等金银卡纸，乃至特种纸，较少使用灰底白板纸和白卡纸印刷，印刷方式为紫外线光固（UV）印刷；

② 为保证面纸挺直，其纤维方向通常与粘边垂直；

③ 印刷设色既有4色、4色加专色，也有黑色加全专色印刷，常用在银色表面印刷透明浅橙色实地表现"金色"效果，挂网线数可以不低于175线；

④ 为满足《商品条码　零售商品编码与条码表示（GB 12904—2008）》要求，保证条码识读，条码空白部位需印白墨，同时白墨常作为底色与其他颜色叠印；

⑤ 为保证视觉效果多用大面积实地专色，甚至同一色用两个实地版叠印；

⑥ 客户通常关注同批同色色差。

承印材料为金银卡纸时，采用UV印刷较多，此时测量色差需使用积分球式彩色分光密度计。因为UV墨只靠紫外线固化干燥，且过度照射会发脆，要关注UV灯功率是否正常。白墨等不易在金银卡纸上附着，要选用与纸张表面材料匹配的UV墨，批量印刷前用胶带粘拉方式检查油墨印后附着是否牢固。因为激光金银卡表面存在"点阵"，会与红色等通常设为45°的网点发生"撞网"现象，需将该色变换角度或采用调频挂网。拼版时要注意为包边留足距离。

安排色序时主要考虑油墨黏度、油墨的透明度、各色叠印关系、需表现的主要色彩及印刷面积大小等。多色机因为要"湿压湿"，即黏度大的油墨先印，面积小的油墨先印，而白墨因为反射率高，常做底色，为保证干燥，常做第一色，故本产品的印刷色序为白、K、C、M、Y和专黄。

二、多色机印刷校版与校色

因为金银卡纸的金属反射特性，过版纸尽量选用与生产用纸相同的纸张。

三、工艺操作中与后工序衔接的注意事项

配合烫金、凹凸、压纹等对相应色版进行陷印（补漏白）处理。为便于进行后工序检查、套合等，应加辅助标识线，如超出纸面侧规线，应检查规矩、加覆膜边界线等。为避免出现覆膜粉痕，应准确控制非UV印刷喷粉量。

酒盒包装外观用色相同而酒精度不同的情况常见，因此要在产品上加明显的识别标识。印刷不同酒精度的产品时，要做好时间和空间的隔离。

任务思考

1.精品酒盒包装的胶印工艺流程是什么？
2.在精品酒盒包装的印刷过程中，有哪些特别的注意事项？

▶ 微 信 扫 码 ◀
典型故障与质量控制解析

任务练习

1.根据提供的产品进行印刷工艺操作分析，写出实训报告。
2.对提供的剑南春精品酒盒进行印刷工艺分析，写出工艺操作报告。

任务四 纸质药包装盒胶印工艺及操作

任务实施 纸质药盒产品印刷

1.任务解读

纸质药盒模切线示意图如图3-7所示。根据生产施工单要求，印刷4色的药品包装盒，其成品规格为178mm×87mm×90mm，纸张为400g/m²，上机尺寸为835mm×570mm，印后加工工艺为覆哑膜、模切、品检、粘盒。图3-7所示的纸质药盒模切线，实际印版上无此线。

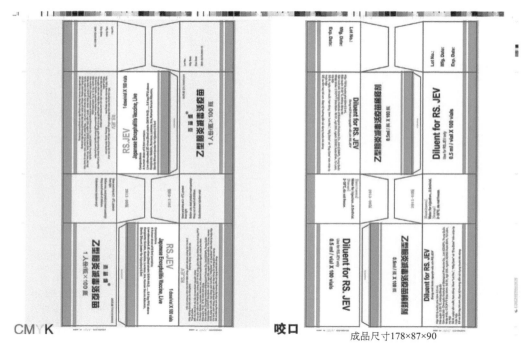

图3-7 纸质药盒模切线示意图

2.设备、材料及工具准备

印刷设备选用三菱3F对开4色胶印机，在印刷业比较常见，其最大纸张尺寸为1020mm×720mm。本任务纸张为指定品牌的400g/m²、宽840mm卷筒纸分切后修切得到，纤维方向垂直于835mm边长方向。印版为1030mm×800mm的紫激光印版。油墨为杭华系列快干油墨。印刷过程中使用喷粉。

3.课堂组织

每组5人，实行组长负责制。每人领取一份实训报告。印刷结束时，教师根据学生调节过程及效果进行点评，现场按评分标准在报告单上评分。

4.操作步骤

（1）操作流程

首先领取如表3-3所示的生产施工单，明确产品名称、规格、数量，各工序放数，上机纸张品种、规格、尺寸，用色，色序等要求。理解无误后，由机长凭生产施工单到晒版房领取印版，并提取加工该单产品所需色样、大版样、成品样。

领取印版时，需对照施工单的内容校对、检查印版有无破损、划痕和折痕。晒版应图文和网点再现良好、无缺失，3%网点不丢，97%网点不糊，中线、规矩线、修切线、色标齐全，无脏点，无龟纹。咬口位置正确，图文无歪斜，产品追溯、识别标识齐全，且在产品品面之外。若属重复生产工单，则可同时领取工艺技术档案，作为本次生产的数据参考。

按工单说明提取与待印产品相匹配的四色油墨或所需助剂，并到白料区取纸。有环保要求的产品，使用的油墨必须是通过认证油墨。检查纸张开料尺寸、纸张品种、品牌是否与工单要求相符，色相是否符合付样。有纤维方向要求的应符合生产施工单要求。纸张裁切的误差应在1.5mm以内，无长短不一、破纸、毛边、丁角现象。

表3-3 纸质药盒产品生产施工单

×× 公司生产施工单									
订单号：××××		版次：×版		工单编号：××××		业务员：×××		制单人：×××	
印件信息									
印件名称	乙型脑炎减毒活疫苗、稀释剂中盒		交货日期	×年×月×日		成品规格		178mm×87mm×90mm	
客户名称	×× 公司		合同数量	4000		计量单位		个	
原样稿	大版样：1；成品样：1；印刷原样：1；色样：1								
部件信息									
部件名称	开料尺寸	物料名称	品牌	实用数	伸放数	总用数	联数	色数	库存、备注
中盒	835mm×570mm	400g白卡纸	××	1000	325	1325	4	4	公司库存，纤维方向垂直835
工艺流程	中盒：切纸→晒版→胶印→亚膜→模切→品检								
色序	正面色序		中盒：K、C、M、Y			反面色序			
工艺信息									
部件名称	工序名称	计划产量	损耗	计划交货数	发外否	工艺要求			
中盒	切纸	1325	0	1325	否	纤维方向垂直835mm			
	晒版	4	0	4	否	CTP照大版标注用1030mm×800mm版晒			
	胶印	1325	200	1125	否	照色样用××油墨印刷			
	亚膜	1125	40	1085	否	用××覆膜胶，覆××840mm亚膜，不起泡，不打皱			

（2）工艺准备

机长按工单确定印刷色序为K、C、M、Y，认真领会施工单工艺要求。安排色序要结合产品各色面积大小、颜色叠加关系、油墨印刷特性等。

助手安装印版。点动印刷机，使印版滚筒咬口和拖梢之间的安装槽处于最容易工作的位置时停下。版衬垫装入后，将印版的咬口插入上面的版夹，插入时要平整。插好后，核对定位孔确定印版位置，用专用工具锁紧。正点动印刷机，到拖梢部分最容易装版位置处放下，将版尾插入，用专用工具锁紧，并张紧印版。油墨转移（印版至橡皮布）是靠过量压力（0.1～0.15mm）实现的，三菱版衬垫为0.1mm厚的涤纶片，版滚筒缩径量0.27mm，版厚0.28mm。

$$版厚度+衬垫厚度-缩径量=0.28+0.1-0.27=0.11（mm）$$

0.11mm即为过量压力，高于滚枕，低于0.1mm网点转移不良，如果高于0.15mm则版、橡皮滚枕不能接触，运转不良。

助手安装气垫橡皮布。点动运转印刷机，在拖梢部橡皮布张紧轴显露的位置停止运转。打开咬口侧压版，将橡皮布的夹板牢牢地插入橡皮布张紧轴的槽内，锁紧张紧轴。点动运转印刷机，在橡皮布和衬纸容易装入的位置停止运转，将其装入。安装结束后，用专用工具张紧橡皮布。印刷过程中，橡皮布受挤压会略有膨出，加衬垫后可不高出滚枕。

$$橡皮布厚度+衬垫厚度-橡皮滚筒缩径量=0mm$$

橡皮布厚1.96mm，装好绷紧后为1.92mm，则

$$衬垫厚度=橡皮滚筒缩径量-橡皮布厚度=2.45-1.92=0.53（mm）$$

因橡皮布膨出量存在误差，所以衬垫厚度为0.52～0.55mm，通常用铜版纸。衬垫纸两端不得超出滚筒滚枕。

衬垫的加装均应按印刷机说明书标准滚筒缩径量参数加装。

在水箱中按比例注入润版液，将电机打开，检查是否正常供水到机器上的水斗槽内。做到水辊平，供水量准确、均匀，循环稳定。润版液的酒精浓度控制在10%～12%，温度控制在10～12℃，pH值控制在5.0～6.0。将各色油墨分布、纸张规格、压力等参数输入遥控操作台，压力应等于纸张厚度0.54mm。

放墨在墨槽（墨槽不干净时应先洗净），并用墨铲推匀，通过调节使墨辊传墨均匀，即墨平。调校拉规和飞达。

油墨辅助材料加放一般由调墨房负责，上机后根据产品效果，经印刷车间主管以上人员同意后再加放，加放量不能超过3%，否则须停机，经印刷主管批准后再进行生产。

（3）输纸部分调节

① 将纸按中心线对折（长度方向），设定供纸位置。

② 将松好的纸齐好后放到供纸台上。要求上好的纸平整、无卷曲，纸张松透无粘连，纸在纸台位置左右居中。发现异物后立即清除。翻面印刷时咬口勿颠倒。特种纸须由机长确定纸张正反面后方可上纸生产。

③ 将前规操作面、驱动面的叼纸控制调节位置放在零位，以便打开前规。使机器低速运转，让供纸台升高到第一吸嘴处的基准线。根据纸张的厚度确定调节前规的高度。

④ 调整纸张左右位置至835mm，确认拉规位置，并锁紧拉规。

⑤ 根据纸张大小调整飞达头前后高低位置、分纸毛刷压纸位置，以及钢片条前后高低位置。

⑥ 将纸张对准前挡规，并调整送纸轮。

⑦ 测定纸张厚度为0.54mm，根据纸厚度调整送纸轮的弹簧。

⑧ 低速运转机器，以确定前挡规和侧规的位置，并根据纸张厚度调节各吸嘴位置及吸嘴的风量大小。

⑨ 为有效控制双张，双张控制器的光电部分每天清扫一次。

（4）收纸部分的调节

根据纸张大小，调整纸台前后左右位置。在收纸时，根据纸张和油墨干燥情况加放收纸隔板。

根据纸张类型和图文墨量设定正确的喷粉量。机速设定上限为11000张／小时。

有环保要求的产品在使用前，墨斗中的余墨应洗干净，并将胶辊清洗干净，确保所用环保材料不被污染，并做好清洁记录。

（5）签收张样

校样由机长和助手共同完成。机长用同规格尺寸的10张左右过版纸后加2张白纸，对印刷产品的尺寸位置校样，按公司"纸包装产品检验标准"内容进行检验。

在版式、位置与付印样一致后，按施工单规定正式用纸试印校色。校色时放70张左右过版纸后加3～5张白纸，油墨从墨斗转移至印版，反映出墨斗开牙量大小，要印刷65～70张纸。使用彩色分光密度计测量控制条四色实地密度值，通常K取1.6～1.7，C取1.3～1.55，M取1.25～1.5，Y取0.85～1.1，注意仪器应设为T响应。必要时还需测量50%网点扩大值。主要部位套印误差≤0.15mm。

在各项与付印样一致后，由车间主管签首张样，经过检验员复核后，方可投入批量生产。批量生产前将印版上表明自己机组代号的数字消去。

胶印参数及相关内容记录在"工艺技术档案"上。

（6）过程质量控制

生产过程中应勤看版面润版液情况，勤搅墨槽。机长按"前工序检验规程"抽样，对照"纸包装产品检验标准"检验，以确保产品质量的一致性，防止批量产品不合格。检验结果要记录在"生产过程产品质量抽查记录表"上。

每车产品上必须开具"生产过程控制作业传票"，按传票填写规定规范填写。

对每个工序的不合格品应选出隔离、标识，清点数目后如实填写日报表。

选用品必须分隔标识。

（7）结束

印刷结束后，要由全机组人员进行机器的清洁工作。

机长负责将遥控台的数据归零，关闭遥控台开关，对现场的校版纸、不合格纸及已印产品进行清理，记录当日的产量、质量状况。

助手清洁墨斗，先将墨取出放入墨罐中，用蘸有清洗剂的擦布清洁墨斗槽，要求彻底清洁。

助手将铲墨器放入各色序指定位置上，注意在没有向墨路浇汽油之前，不能将铲墨器拧紧。将印版从版滚筒上取下，若有保版要求的将印版清洗干净，用保版胶保版，标识后避光存放。

一切就绪后，运转机器清洁墨路，拧紧铲墨器。注意墨刀背面不能有干墨堆积，正面不能有油墨堆积。清洗完毕后，及时清洁铲墨器。

清洁完成后，将橡皮滚筒和压印滚筒清洁干净。尤其要将滚筒肩铁清洁干净。

关闭机器总开关，将空压机中的气放掉。

清洁机器外表。填写交接班记录和生产日报表。准备与下一班交接。

任务知识

一、纸质药盒胶印工艺特点

其特点主要如下：

① 承印材料通常使用白卡纸和灰底白板纸；

② 印刷设色既有4色、4色加专色，也有黑色加全专色印刷，挂网线数以175线为常见；

③ 客户通常会要求提供标准色、偏深色和偏浅色的标准样（偏深和偏浅应在许可范围内）作为颜色偏差控制标准，同时关注文字内容的100%正确。需使用环保绿色油墨。

二、多色机印刷校版与校色

校版时用同规格尺寸的10张左右过版纸后加2张白纸，确保图文出全，成品尺寸和出水位出全，借咬口时要比对成品样。

校色时放70张左右过版纸后加3～5张白纸，油墨从墨斗转移至印版，反映出墨斗开牙量大小，大约要印刷65～70张纸。多联产品要注意保持各联颜色一致。

三、工艺操作中与后工序衔接的注意事项

① 印后表面处理常用水性上光、过油压光、印油和覆膜等方式，印刷设备允许时可采用联机上光，注意粘边光油需飞出以保证粘盒牢固；

② 由于药盒要喷印电子监管码，排版应留足位置，同时保证规矩稳定；

③ 油墨干燥后即喷码，喷码完成再过油或覆膜。

为保证产品质量，通常模切后需品检机品检剔除不合格品后再粘盒。

任务思考

1.本任务与任务三在印制工艺上的主要区别是什么?

2.本任务的药盒需要喷电子监管码,在药盒的印制过程中是如何做到的? 需要注意什么?

► 微 信 扫 码 ◄
典型故障与质量控制解析

任务练习

1.根据提供的产品进行印刷工艺操作分析,写出报告。

2.对提供的太极药业急支糖浆药盒进行印刷工艺分析,写出工艺操作报告。

拓展测试

► 微 信 扫 码 ◄
选择题

► 微 信 扫 码 ◄
判断题

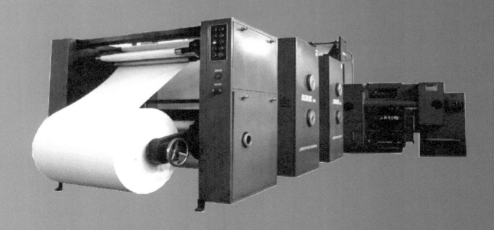

卷筒纸印刷机是以卷筒纸为承印材料的印刷机。卷筒纸轮转胶印机分为两类：报纸轮转胶印机和商业轮转胶印机。两种类型的轮转机的主要区别是承印纸张不同。卷筒纸胶印机生产效率高，使用范围广泛。

项目四

卷简纸胶印产品印刷工艺及操作

∧
项目教学目标
∨

通过本项目"理实一体"的各项任务实施以及对应知识原理学习，了解卷简纸胶印工艺操作的基本流程及操作要点；掌握卷简纸胶印工艺操作中必备的工艺技术知识和原理；培养团队合作精神。拟达到的知识技能目标如下。

■ 技能目标

1. 熟悉卷简纸印刷施工单的构成，具备编写卷简纸产品印刷施工单的能力；
2. 具有阅读理解并实施系列卷简纸产品印刷施工单的能力；
3. 掌握卷简纸胶印机各控制面板及按键操作功能；
4. 具备使用正确路径穿纸带的能力；
5. 具备依据纸张类型调整纸路各部位张力的能力；
6. 基本具备折页机各部件的调试、调节能力；
7. 具有基本的印后整理工作能力等；
8. 具备机组成员之间团队合作的能力。

■ 知识目标

1. 阅读和熟悉开具卷简纸胶印工艺印刷施工单的相关技术知识；
2. 理解并掌握卷简纸纸卷标识的相关知识；
3. 了解输纸架自动接纸的相关知识；
4. 理解并掌握卷简纸油墨的种类及使用方法；
5. 了解商业轮转印刷机烘箱烘干原理及使用的相关知识；
6. 了解商业轮转印刷机自动套准、冷却、加湿的相关知识；
7. 了解张力控制器的种类与使用原理；
8. 理解并掌握折页的种类与调整原理等。

任务一 认知印刷工艺流程

任务实施 识读印刷施工单

1.任务解读

熟悉印刷施工单及其构成。

2.设备、材料及工具准备

卷筒纸胶印产品印刷生产施工单如表4-1所示。

表4-1 卷筒纸胶印产品印刷生产施工单

客户名称	××出版社	合同单号	006	施工单号	006	交货日期	
印件名称	印刷技术		成品尺寸	185mm×260mm		印数	10000本
拼版	对开拼版		拼版尺寸	765mm×540mm		印版件数	6贴×8块
			印刷色数	4+4色		PS版数	48块
纸张	用纸名称	80g×787mm 双胶纸	用纸数	2300kg			
	出纸率	29.9份/kg	加放数	105kg			
印刷	每贴印数	10200份	印刷色数	4+4色			
折页	折页方式	16开	装订	无线胶包			
备注	照样印刷，整本书墨色一致，注意接版图书脊加消气齿刀						
开单员		审核员		开单时间			

3.课堂组织

将学生分组进行施工单的阅读。每位成员必须熟悉印刷施工单及构成。

4.操作步骤

① 首先交接设备情况，并做好记录。

② 领取并阅读施工单，掌握本次生产情况，做好工作任务分解。

③ 分配工作任务。

阅读施工单的关键是要弄懂印刷方式、印刷颜色数、上机纸尺寸、上机纸数量（含放数）、印版套数、纸张种类、纸张出纸率、折页方式等。

　　以一份具体施工单为例进行讲解，要求学生阅读基本的施工单并准确掌握施工单信息，由老师进行考核。

任务知识　胶印印刷施工单及构成

　　当公司承接业务后，为了把客户的要求完整地表述给各生产工序，使各生产工序明白生产全过程直至最后结算各项费用，在业务承接后产品施工前，必须开具"产品施工单"。

　　各生产工序要严格按施工单进行施工，施工单就是总经理下达的生产命令单。为确保施工命令的严肃性、准确性，业务员首先要了解客户对产品的全部要求，包括选用的纸张、墨色、成品标准、送货地址、联系方式等，均应准确无误地填写清晰，方便生产全过程的实现。

　　根据施工单格式顺序逐项填写，表首部分分别填写来稿日期（即开单日期）、交货日期（应根据客户要求，结合企业生产能力来承诺，同时要避开休假日），客户有委托合同的，应将客户委托合同号写上，同一客户产品种类较多且有再版印刷情况的，应统一给予编号，在再版时写上原始编号，不能重复编号，方便菲林及原始印样的调用。表内需填写的内容分为业务、纸张墨色、重要说明、工价等四类。

　　施工单在业务员开单之后即进入生产流程进行施工，具体过程如下：

　　开单→审核→下达生产作业计划→制版→晒版→印刷→检验→后道→送货→核价→开票→存档。

　　施工单经生产计划分流后，进入拼晒版程序，料单进入纸库发料、开料程序，因此，当改动施工单供纸数量或开切尺寸时，必须把施工单与料单一起更改，否则将产生两单不一致造成纸张浪费或产品数量溢缺的情况。由于施工单在核算开票结束后要按顺序号入档，故不得发生缺号现象，如发生施工单开错或客户止印，必须全份作废，施工单、料单一起注明作废后交销号员注销作废再入档，不得私自销毁处理。

⚬ 任务思考

　　1.什么是胶印印刷施工单？包括哪些内容？

　　2.胶印印刷施工生产流程是如何确定的？

◆ 任务练习

　　1.分析卷筒纸印刷施工单与单张纸印刷施工单有哪些不同点？写出分析报告，字数在500字左右。

　　2.选择一个卷筒纸印刷产品，制定该产品印刷工单。

任务二 印刷前准备

任务实施 印前准备操作

印刷前的准备工作包含纸张及油墨的选用、印版的检查、印刷机各项目准备等。

1.任务解读

熟知印刷前的准备工作内容与要求，强化印刷前准备的意义。

2.设备、材料及工具准备

卷筒纸胶印机、印刷材料及辅助材料。

3.操作步骤

① 首先阅读施工单。

② 然后进行润版液配制，领用与检查纸张，对不合格纸卷（如荷叶边严重、纸卷边破口严重、纸芯变形等无法上机使用的纸卷）做退库处理。

③ 印刷辅助材料准备。根据产品选用油墨，检查印版、印刷机，准备生产工具。

④ 各项检查正常后，将印版打孔并弯好装到机器上，润版液加到水槽中，纸卷装到纸架上，油墨加到墨斗中，整机各部分联机完成。

如果是在商业轮转上操作，还应在做以上操作的同时将烘箱预加热（脱臭）并点火，硅油调兑好并加入硅油箱，制冷机开机。

▶ 微信扫码 ◀
轮转胶印机弯版

▶ 微信扫码 ◀
自动弯版机

▶ 微信扫码 ◀
商业轮转机手动装版及
清洗印版操作

▶ 微信扫码 ◀
轮转胶印机纸架上纸操作

任务知识

一、纸张的准备

1.纸卷

关于纸张的基本知识,在单张纸胶印机工艺与操作流程中已讲了很多,这里只讲卷筒纸特有的知识。

① 纸卷在出厂时已做了严格的包装,但在搬运过程中难免会有包装破损的情况发生,并且会挂烂成品纸。若破损不严重可剥去烂纸正常使用,剥下的烂纸要理好放整齐作退库处理,库房可裁切成单张在单张纸胶印机上使用。若包装破损严重,已造成纸张粘连或纸张吸水后荷叶边严重,甚至于纸芯变形无法上机使用的,应作退库处理。

② 卷筒纸和单张纸不同,纸张一旦变形后无法做其它补救处理。所以应尽量避免因纸张长期暴露发生变形,使用时才能拆开包装纸,使用多少拆多少,用剩下的要用缠绕膜封好退库。

③ 车间相对湿度控制在50% ~ 55%,温度16 ~ 20℃。尽量减少环境变化对纸张的影响。

④ 准备纸卷时一定要看清楚纸卷标示,其内容一般包括:生产厂家信息,生产日期,纸张品牌、规格、定量,纸卷长度、直径、重量、卷向、接头个数和纸芯直径等。这些信息不仅是检查所发纸张与施工单标注是否一致,还是预调纸架、纠偏、折页和张力的依据。

⑤ 同一批印品纸张不能有色差,即使是同一品牌纸张生产日期不同也有可能存在色差。

2.装纸

装纸时先剥纸卷两侧的包装,装上纸架后再剥周向包装。这样可尽量减少对纸张的损坏。烂纸一定要剥完,以防走纸时断纸。剥下的烂纸堆放整齐,退库后经裁切,供单张纸胶印机备用。

对纸卷边缘破口不影响成品的部分,可用刀片切成斜口正常使用。

装穿纸杠一定要对应纸卷尺寸放到相应位置后再充气。

装纸注意事项:只能对备用纸架进行装纸操作,正在使用的纸架是不能进行装卸纸操作的!

▶ 微信扫码 ◀
零速纸架上纸

3.自动接纸

在高速的卷筒纸胶印机中,更换纸卷是很频繁的工作。如果在更换纸卷的时候,被迫停机或降低机器的印刷速度,必将导致生产效率下降,而且改变了正常的印刷工作状态,增加了废品率。为了减少接纸辅助时间,提高机器的利用率,减少废品,目前在高速卷筒纸平版印刷机上,大都配置了自动接纸机构。在不停机的状态下,自动接纸装置将新纸卷的纸带接到正在印刷的纸带上,同时切断即将用完的旧纸卷的纸带,转换两个纸卷的工作位置。

自动接纸有高速自动接纸和零速自动接纸两种。

（1）高速自动接纸

高速自动接纸是指接纸时新旧纸带仍保持输纸（印刷）的速度,在高速正常印刷过程中完成自动接纸的过程，是比较理想的接纸方式。现在绝大多数的高速自动接纸换卷装置都应用纸卷回转支架。高速自动接纸装置的工作过程如图4-1所示。

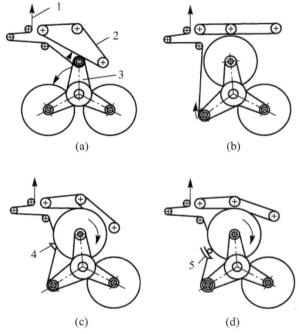

图4-1　高速自动接纸装置示意图
1—纸带；2—皮带机构；3—纸带回转支架；4—毛刷；5—切刀

　　当印刷中的纸卷小到规定更换的直径限度时，纸卷回转支架就开始回转，如图4-1（a）所示；当回转后的新纸卷与印刷中的纸带达到适当距离，即如图4-1（b）所示的位置时，纸卷回转支架停止回转，并加速新的纸卷，当其圆周速度赶上印刷纸带速度时便进行粘接，如图4-1（c）所示；粘接完成后切断旧纸带，如图4-1（d）所示，从而完成纸卷的更换及之后的正常印刷。高速自动接纸纸架如图4-2所示。

图4-2　高速自动接纸纸架

（2）零速自动接纸

零速自动接纸是指在接纸时刻，用于接纸的纸带和被接的纸带速度均为零。这种接纸方式比较可靠，但是这种接纸方式需要有储纸机构，以便在零速接纸时印刷部分可以不降速继续印刷。零速自动接纸装置种类很多，其工作过程大致相同。零速自动接纸纸架如图4-3所示。

图4-3　零速自动接纸纸架

如图4-4所示为某型号零速自动接纸机的工作流程图（图中浮动辊为涂黑的辊，固定辊为未涂黑的辊）。

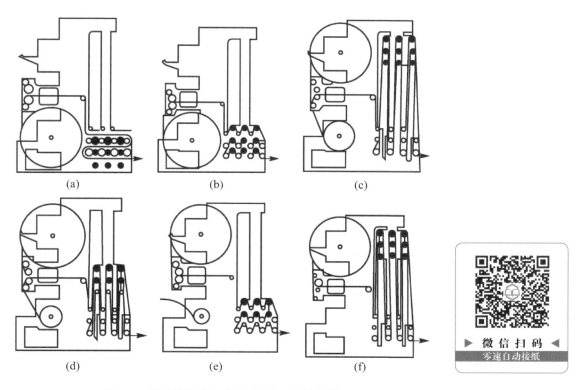

(a)　　　　　(b)　　　　　(c)

(d)　　　　　(e)　　　　　(f)

▶ 微信扫码 ◀
零速自动接纸

图4-4　某型号零速自动接纸机的工作流程图

图4-4（a）所示为穿纸。所有浮动辊下降，与工作辊形成两排，纸带穿过各辊，形成反"S"形。

图4-4（b）所示为储纸。浮动辊在压缩空气的作用下向上运动，储纸架开始储纸。纸带的纸速比印刷机过纸速度快。因为除了供给印刷机正常印刷所用的纸外，还有一部分纸被储存在储存架上。储纸量的大小取决于浮动辊的数量和浮动辊移动的距离。

图4-4（c）所示为正常供纸。浮动辊已经达到最高位置，储纸量已经达到最大值。在浮动辊即将达到最高位置时，精密的纸卷制动机构自动地在纸卷轴上施加一个制动力，使纸卷转速降低，最后使纸卷输出纸带的线速度和印刷机的印刷速度相同，浮动辊也正好达到最高点。此后纸卷正常向印刷机组供纸，纸带张力达到印刷要求的张力。当旧纸卷用到规定的直径时，光电管便发出信号，上边已经准备好的纸卷开始准备接纸。

图4-4（d）所示为接纸。上边的纸卷已经做好接纸准备，当纸卷变小到应该接纸的直径时，光电管便发出第二个信号，下边的纸卷制动器给纸卷轴施加制动力，使纸卷平稳地停止运动，并且立刻在零速下接纸。在接纸期间，浮动辊下降，正常印刷用纸由储纸架供给，印刷速度不变。当储纸架上的纸即将耗尽时，自动接纸已经完成，新纸卷开始供纸。

图4-4（e）所示为再储纸。自动接纸完成后，旧纸卷纸带被切断，新纸卷很快被加速到其纸带的线速度比印刷线速度高的状态。一方面供印刷用纸，另一方面供储纸架浮动辊上升储纸。

图4-4（f）所示为正常供纸。自动接纸完成后，浮动辊又返回到最高位置，旧纸卷完全被新纸卷取代。旧纸卷纸芯被取下，并且准备上一个新纸卷。接纸循环完成。

二、油墨的准备

1.油墨选用

（1）根据印刷设备选用

胶印轮转油墨分热固油墨和冷固油墨。报印轮转、书刊轮转等不带烘干设备的机器用冷固油墨；商业轮转带有烘干设备，要用热固油墨。两种墨不能混用。

（2）根据印件颜色选择油墨

报纸套红使用金红墨。有特殊要求的专色需调色。

2.装墨要求

① 轮转机速度快，印量大，一般采用自动供墨系统。

② 放墨前，先将墨斗及墨斗辊清洗干净，确认墨斗安装到位。

③ 先开自动供墨气源，再开墨桶处油墨管道阀门，最后开墨斗处油墨管道阀门。

④ 放墨过程中要勤观察，第一次放墨装1/3墨斗即可，印刷过程中放墨以版面墨量而定。

⑤ 油墨装到墨槽后，要用墨铲左右搅拌均匀。

⑥ 墨铲放在专用墨铲架上。

某自动供墨系统如图4-5所示。

图4-5 某自动供墨系统

三、润版液的准备

润版液的组成、作用及对印刷质量的影响，在单张纸胶印机工艺与操作流程中已讲了很多，这里只讲卷筒纸胶印机特有的知识。

报印轮转和书刊轮转一般采用毛刷供水，不添加酒精，只需按比例添加润版液即可。温度控制在8～12℃。

商业轮转因使用热固油墨，要配合使用热固型润版液，比例是2%～3%。一般采用酒精润湿系统，还要添加8%～12%酒精。电导率为800～1200μs，pH值为5～5.5，温度为8～12℃。

四、印版的准备

胶印轮转机为了节约纸张，尽量扩大有效印刷面积，所以印版滚筒装版位置都很小，只有3mm。这就决定了无法在印版滚筒上进行校版操作，因而正确的打孔和弯版尤其重要。

（1）印版质量检查

这主要是为了提前发现印版的缺陷，并及时处理，不能处理的要重新晒版，以免上机后造成废品。轮转印刷机没有过版纸，一旦上机后发现缺陷必然会增加浪费。印版质量检查内容同单张纸胶印。

（2）打孔

用第一张版调好放大镜位置后，同一套版以放大镜上十字为准，只能调节前挡规和侧挡规位置来套放大镜上十字。严禁同一套版中途改动放大镜位置。某打孔机如图4-6所示。

（3）弯版

弯版时，印版一定要确认放置到位后再弯版。二次弯版会造成套印误差。烘烤过的印版二次弯版还会造成印刷过程中断裂。

图4-6　某打孔机

五、印刷机的准备

（1）印刷机常规检查

书刊轮转印刷机如图4-7所示。常规检查如下：

图4-7　书刊轮转印刷机

① 检查时首先看交接记录了解设备情况；

② 查看安全保险装置是否正常；

③ 水路墨路中是否有异物；

④ 设备中有无异物；

⑤ 是否有其它危险或禁止开机的情况等。

（2）印刷机预置

印刷机预置指开机之前根据印件情况对印机进行必要的预先调节工作。其主要内容包括根据纸卷宽幅预调上纸位置、纠偏位置，根据纸卷品种预置纸架张力、二次张力，根据印品图文对水量、墨量、预上墨进行预置，依照施工单折页要求预调折机和堆积机等。

轮转印刷机的纠偏如图4-8所示，堆积机如图4-9所示。

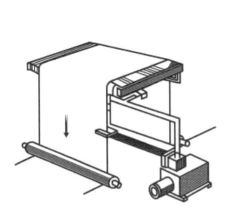

（a）纠偏示意图　　　　　　　　　　　（b）纠偏装置

图4-8　轮转印刷机纠偏

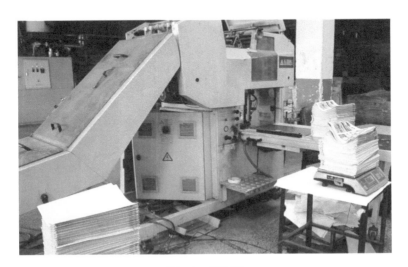

图4-9　堆积机

六、烘箱的准备

图4-10所示为商业轮转印刷机。

图 4-10　商业轮转印刷机

商业轮转印刷机采用热固印刷。涂料纸在 6 ～ 12m/s 的印刷速度下无法完成干燥，印刷品印刷完成后需进行高温烘干。

烘干装置一般采用三区域燃气烘箱。通过燃气燃烧加热空气，利用风机将热空气送到烘干区域加热纸带使油墨里的挥发物质迅速挥发。油墨内的树脂被加热软化，固体的燃料颗粒渗入半流动状态的树脂中干燥结膜。

三区域燃气烘箱由加热区、蒸发区和冷却区组成。油墨溶剂在加热区迅速蒸发，同时油墨完成 45% 干燥；蒸发区是油墨溶剂挥发浓度最高区域，排风口安装在此区域的末端，以使油墨溶剂尽快排走，同时油墨再完成 35% 干燥；冷却区油墨溶剂基本排完，油墨完成最后 25% 干燥，同时纸带温度冷却下来。在 110 ～ 170℃ 烘干温度下，热固油墨干燥需要 0.8 ～ 1s，所以烘箱长度随印刷机速度确定。

由实际生产过程得知，烘干温度小于 110℃ 时，无论机器速度多低，油墨都无法完全烘干。烘干温度过高，油墨干燥速度太快，图文热固印刷痕迹过于明显，影响观感。所以，生产过程中烘箱温度的设定是很重要的，应根据不同的纸张及版面图文分布情况而定。基本原则是在保证油墨干燥的情况下设定最低的温度。

在实际操作中，温度过低比较容易及时发现，而温度过高对后工序影响较大，在印刷过程中不易察觉，应重点注意。特别是在书刊印刷中，温度过高，造成纸张变形大，装订成书后内页吸水伸长明显，宽出封面，且整本书呈波浪形，影响美观。更严重的是，在承印骑订产品中心页时，温度过高会使纸张变脆，导致中心页订不牢、掉页。特别是铜版纸和轻涂纸，如果墨量大，更应高度关注。

不同的纸张，其温度设定也是有区别的。涂料纸吸墨吸水都没有胶版纸大，温度设定要低一些，但其中超级亚光纸要稍高一些。胶版纸中施胶较少的纸张，油墨渗透较好，温度设定可低一些。施胶较多的纸张，如超白纸，油墨渗透差，温度应适当增加一点。

① 安全检查。烘箱燃料一般使用天然气或液化石油气，是工厂的重点消防检查点。开机前要仔细检查气管接头、阀门是否漏气，安全装置是否正常，如有损坏，坚决不允许开机，待维修好后方能使用。一般在烘箱旁边安装有漏气检测报警器，使用中要随时注意观察。

② 烘箱预置。根据使用纸张品种、版面墨量等设置烘箱温度和送风量，设置完成后将预加热和脱臭装置点火，温度开始上升。

七、自动套印系统设定

现代高速轮转胶印机都配置了自动套印系统，不仅开机时能在最短时间完成套印，在正常印刷过程中还能随时监控套印的变化并纠正，大大减少了废品的产生。

自动套印系统的品牌很多，但原理都是通过检测设置在纸带边缘或非图文部分的标记相对位置的变化，并通过一系列计算后来驱动校版装置动作，实现正常套印的。

自动套印系统无斜拉版功能。

开机前要根据标记在印版上的排列顺序来设定操作系统，根据标记印在纸带上的位置来设定检测镜头位置。

八、冷却系统准备

纸带从烘箱出来时温度超过100℃，如此高温的纸张是不能进行折页和收页操作的。纸带要穿过4～6个冷却滚筒作降温处理，使纸张温度降到20℃左右，如图4-11所示。

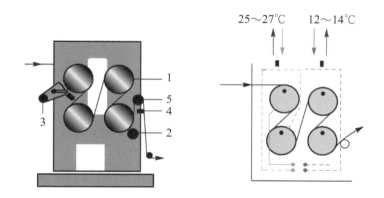

图4-11 纸带冷却示意图

1—冷却辊（滚筒）；2—压辊；3—冷却辊清洁装置；4—断纸检测器；5—纸带引导辊

开机前，要将冷水机开机。冷却滚筒处阀门要待开机后再打开，若未开机提前打开阀门，温度差会导致滚筒表面积聚冷凝水，造成断纸。

九、硅油系统准备

纸带经过冷却滚筒后温度虽然降下来了，但毕竟经过烘箱烘烤，纸张很脆、易挂烂，不利于折页。这时需要在纸张表面涂一层硅油或水加湿。由于印品表面涂了一层硅油，在折页和输纸过程中产品便不易挂花。

根据纸张品种兑好硅油比例。胶版纸、书写纸硅油比例为1%～3%即可，铜版纸、轻涂纸、超级压光纸硅油比例为10%。

任务思考

1.纸卷标示有哪些内容?
2.对卷筒纸和单张纸不合格纸张的处理方法有什么不同?
3.自动接纸有哪几种方法?
4.油墨分为哪几种?
5.套准系统的原理是什么?
6.商业轮转为什么要对纸张进行冷却和加湿处理?

任务练习

1.根据分配的印版进行打孔、弯版操作。
2.根据要求按比例配置润版液。
3.按照要求进行油墨的放墨操作。

任务三　8开纸页走纸

任务实施　预调张力走纸

要求整机联动,在低速中调节好各部位张力,从折页机走出纸页。

1.任务解读

熟悉张力调整操作步骤、方法。

2.设备、材料及工具准备

轮转胶印机、纸卷。

3.课堂组织

每组5人,选出1人进行主操作,其他人员配合操作。

4.操作

(1)步骤

① 点动车将印刷机组、折页机联动,脱开16开折页部。

② 将纸卷按标示尺寸装上纸架，松开张力。

③ 按正确穿纸路径将纸带从纸架穿至折页机。穿纸时，一人在纸卷处放纸，其他人员穿纸。

▶ 微信扫码 ◀
轮转胶印机穿纸

④ 由小到大加上纸卷张力，直至纸卷不能轻易转动。

⑤ 缓慢运转设备，人员分散开，纸架1人、印刷机组1人、折机1人、收页1人，主操作人员来回观察。所有人员要注意断纸或堵纸的情况。

⑥ 主操作人员加大或减小纸架张力，其力度要能使纸架纸带绷紧但又不能起皱。

⑦ 合上二次张力压辊，调节二次张力，其力度要能使二次张力致折机纸带绷紧。

⑧ 放下折机压辊。

⑨ 检查折机输纸带、压纸轮位置。

⑩ 缓慢运转设备，走出纸贴。

⑪ 打开输纸贴轨道、堆积机，根据纸贴大小调试堆积机。

⑫ 低速运转设备，走出100贴纸贴至堆积机。

（2）操作要求

① 操作过程中人员要相互配合，轮转胶印机需要多人配合作业。

② 调节张力时要缓慢，不要时大时小。

③ 折机输纸带、压纸轮位置要对称，输纸带张紧力度以20N力能压下2～3cm为宜，压纸轮压力以稍用力才能拉出压纸轮下的纸为宜。

特别要注意的是，此张力调节只是预调节，正常开机印刷时还要根据套印、折页来加减张力。

卷筒纸胶印机的输纸方式是以机器连续牵引纸带的方式进行的。在输纸过程中，使纸带处于拉紧状态的力称为张力。以橡皮滚筒压印线为界，张力可分为两部分，压印线前的称为输纸张力，压印线后的称为收纸张力。纸带张力的大小直接关系到卷筒纸胶印机能否正常工作，如果其大小不合适，就会造成一系列工艺故障，如纸带飘移、起皱褶、破口或撕裂、套印不准、天头折标不准等，从而造成纸张浪费，影响机器运转效率，增加劳动强度，最终影响印品质量。

张力控制与调节的装置有多种，以满足不同位置对张力的不同要求。

任务知识

一、磁粉控制器

磁粉控制器通常在纸架上使用，可对纸卷进行直接控制，防止纸卷在放纸过程中处于自由状态，避免机器在增、减速时出现断纸和拥纸现象，保证纸卷以平稳的速度放纸，并通过浮动机构及张力检测电路，消除或减轻由于纸卷不圆、偏心、一头松、一头紧等本身原因造成的张力波动，并可在印刷过程中对纸卷不断变小引起的张力变化进行自动调整。

二、气动刹车片

气动刹车片通常在纸架上使用，它的控制对象和作用与磁粉控制器相似，但气动刹车片通过自动调节比例阀改变气压大小实现对刹车力的调整，从而控制纸卷转动。而磁粉控制器是通过改变其线圈电流大小实现对刹车力的调整来控制纸卷转动的。

三、送纸辊与无级变速器

卷筒纸胶印机的送纸辊与无级变速器通常用于二次张力调节。送纸辊由2根金属辊和1根橡胶辊组成。纸带的送纸速度主要靠送纸辊及其控制调节装置无级变速器控制，所以此处调节的好坏，将直接影响到印刷质量和折页质量。

1.送纸辊压力的调节

调节前应先将送纸辊清洗干净，把上面的乳胶、双面胶或蜡笔痕迹等残留物清除掉，避免其对调节工作造成影响。

送纸辊压力的调节有两个要求：一是两头压力要一致，二是压力大小要合适。

为保证两头压力一致，不主张用调节两头压力不一致的办法来解决纸卷两头松紧不一致的问题，建议将纸卷靠身朝外调头。要使机器两边的张力完全一致，不大容易做到，将纸卷调头，就是用不匀的机器张力来取长补短。如果行不通，说明纸卷两头的松紧相差太大，即使通过调整机械调节了输纸张力，勉强能印刷了，也难免会产生纸带起皱褶、印迹重影等问题，而且在纸卷用完后，将机器各部分调回原状态的操作也会变得很麻烦。

压力大小合适是指压力既不能太小也不能太大。压力太小，纸带与送纸辊之间就会有滑动现象，不能真实反映无级变速器提供的表面线速度；压力太大，增加了机器载荷。检验压力大小是否合适时，可用宽约20mm的纸条，以将该纸条可用力拉出且不断为宜。总之，调节压力大小时宁轻勿重。

2.无级变速器的调节

无级变速器是卷筒纸胶印机输纸张力最主要的来源。它的调节是通过摆动辊位置电位器自动调节的。

四、有级加速机构

有级加速机构通常用在冷却部分和折机部分。它加载于主传动后，使相应部位纸带的线速度快于之前纸带的线速度，将纸带绷紧。调节原则是越往后速度越快。

▶ 微信扫码 ◀
典型故障与质量控制解析

⚙ 任务思考

1.张力控制与调节的装置有哪些？

2.折机输纸带、压纸轮的调节有哪些要求？

1.按要求对送纸辊压力进行调整练习。

2.按要求对折机输纸带、压纸轮进行调整练习。

任务四 双面单色16开书刊内页印刷

任务实施 书刊内页的轮转机双面单色印刷

本任务重点调节正反面套准、折页、水墨，以便印出符合质量要求的印品。

1.任务解读

熟悉胶印轮转机双面单色印刷的工艺流程，综合运用所学单项技能完成产品的印刷，提高学生印刷产品的能力，培养学生的协作能力与沟通能力，让学生从中获得乐趣与成就感，培养学生的自信心与职业素养。

2.设备、材料及工具准备

书刊胶印轮转机，印版二块，胶版纸纸卷，真实印刷工单。

3.课堂组织

真实产品印刷。5人一组，安排1人为机长。教师任车间主任，其他学生作为客户对印刷产品质量进行评价。把真实的印刷工单交给机长，由机长带队完成印刷任务。

从印刷前准备一直到印刷结束的全过程都由学生完成，教师可适当指导。印刷完成后由客户进行质量评价。

4.操作

（1）操作步骤

阅读印刷施工单→明确印刷任务→根据任务特点设计印刷工艺→准备纸张、油墨、印版等印刷材料及润版液→印版打孔、弯版→根据版面图文位置预调墨→确认脱开折机→装版、装墨、装纸→印刷组单独运转→输水输墨→停机擦版→印刷组单独运转→水辊靠版→墨辊靠版→观看印版水墨平衡情况（确保无水大或糊版现象）→停机→点车联动折机→缓动机器穿纸→给张力→查看走纸情况→纸走正后速度加至

► 微信扫码 ◄
商业轮转机穿纸

3000 转/小时→合压→水辊靠版→墨辊靠版→到收页处取印样→多人分工调水墨、校版、校正折页（同时进行）→正反套印、折页基本校正后离压停机→按机器折页方式人工折一贴正常书贴，照施工单要求尺寸裁切→检查折页方式、页码顺序，对照文字样检查文字→确认无误后开机加速度至3000 转/小时→合压→水辊靠版→墨辊靠版→校墨色、精确调整折页→打开收页轨道、堆积机→墨色、套印、折页正确后将书页放至堆积机→照施工单数量印完后停机→松张力→脱开折机→为印版封保护胶→清洗橡皮布→结束操作。

（2）操作要求

① 印刷前准备工作要多人同时进行。

② 开机印刷一定要以合压→水辊靠版→墨辊靠版顺序操作，且机器速度加至3000 转/小时以上才能进行此操作。

③ 印刷过程中始终要注意水量与墨量情况，根据情况控制好水量、墨量。

④ 打开书贴调墨时要将正反面、咬口拖梢分清。

⑤ 校版时要注意不要将位置打满，两面要相互迁就。

⑥ 在拆装版、清洗印版和橡皮布时，要将折机脱开。

⑦ 折页方式、页码顺序，应对照文字样进行检查，一旦发现有错要停机，重新排版、晒版再上机。

⑧ 第一包正品放在机器旁边，暂不堆码在纸凳上。开机正常后再仔细检查，如正常可堆码上，若有瑕疵可放至一旁待用。

微信扫码
正常印刷收页

⑨ 胶印轮转机没有过版纸可用，操作中要多人分工协调合作，减少印刷调试时间，避免纸张浪费。

⑩ 折页调整顺序：一折→二折→三折→二折。

⑪ 书页堆码要平整、端正，不要太高，以方便堆码，以一人高为宜。堆完一车后，挂好标示牌，用缠绕膜缠紧后放到指定位置。

胶印轮转机是联机操作，张力微调、折页调整等不能进行单项训练。为减少纸张浪费，要尽量减少停机次数，这就需要多人分工协调合作，粗调完成后在印刷的同时进行精细调整。

任务知识

一、张力微调

开机前，张力调节只是预调节，只能达到走纸正常的目的。正常开机印刷时，张力大了会造成纸张打皱、断纸等故障，张力小了会造成套印不准或套印跳动大、折页不准或折页跳动大等故障。在生产过程中要根据实际情况微调张力。具体调节方法如下：

① 纸架和二次张力是通过调节浮动辊气缸气压大小实现的，气压调大张力加大，调小张力减小。

② 折页机张力是通过调节位于三角板前或三角板下压纸轮压力大小而实现的，压力调大张力加大，反之则减小。

③ 商业轮转在冷却和折页部分还加装了有级加速机构，调节其速度差可增减这部分张力，速度差调大张力加大，反之则减小。

二、折页调整

胶印轮转机是卷筒纸连续印刷，纸带输送到折页机要被裁切成单张并完成自动折页。两折完成8开折页，报纸和宣传单折成8开即可。书刊内页一般要折成16开，这就需要第三折，它的实现是在8开纸路中途加装一套刀式折页机构。

1.折页过程

折页机的结构如图4-12所示，折页过程如下。

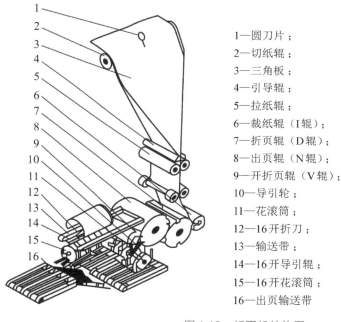

1—圆刀片；
2—切纸辊；
3—三角板；
4—引导辊；
5—拉纸辊；
6—裁纸辊（I辊）；
7—折页辊（D辊）；
8—出页辊（N辊）；
9—开折页辊（V辊）；
10—导引轮；
11—花滚筒；
12—16开折刀；
13—输送带；
14—16开导引辊；
15—16开花滚筒；
16—出页输送带

图4-12　折页机结构图

① 纸带经三角板纵折之后完成一折，通过导向辊和夹纸辊时，被折页滚筒上的挑针钩住。

② 纸张在折页滚筒裁切刀胶垫与裁切刀滚筒之间通过时，锯齿形裁切刀将其裁切成单张。

③ 折页滚筒上的折页刀对单张纸进行横折，二折完成。

④ 纸张由咬刀递给抢纸牙，经线带送到折刀处完成三折。

⑤ 折好的书贴落入花轮，然后被送到输纸皮带。

一折的调节是通过处于折机前部的纠偏改变纸带的横向位置或三角板下端两根导纸辊的相对位置来实现的。二折的调节是通过调节处于折机前部的一根可调导纸辊的前后位置进而改变纸路的长度来实现的。三折的调节是通过改变三角板的相对位置或改变刀式折页机构的相对位置来实现的。

2.折页的具体调节

① 在收页处拿出书贴后，先分清咬口和拖梢方向、操作面和传动面、正面和反面，16开折在内的部分是咬口方向，8开折在内的是操作面，4开折在内的是反面。

② 将16开书贴展开成8开，找到折页标线，位于拖梢顶端版面中间位置的十字线是一折标线，位于传动面边缘版面中间位置的十字线是二折标线，在书贴最外1张书页靠书脊边缘位置设有三折标线。

▶ 微信扫码 ◀
轮转胶印机折页和收页

③ 一折调节。若一折线位于传动面一侧，调节纠偏机构，将纸带向操作面移动，有些机器未设置纠偏机构，则要将靠传动面一侧的三角板导向辊尾部向三角板调近，或调大靠操作面一侧的导向辊尾部与三角板的距离。如一折线位于操动面一侧，则反向做以上调节。

④ 二折调节。如二折线向咬口偏移，将可移动导纸辊向后移动，加大纸路长度。如二折线向拖梢偏移，则反向做以上调节。

⑤ 三折调节。如三折线向纸贴边缘位置偏移，调节三角板朝鼻尖方向移动或将刀式折页机构向纸贴边缘位置移动。如三折线向纸贴中间位置偏移，则反向调节。

⑥ 如三折调节是通过改变三角板位置调节的，就改变了纸路的长度，此时二折亦会发生改变。三折校正好后要重新校正二折。

三、套印

胶印轮转机的套印过程处在动态平衡状态，纸带的颤抖、纸张吸水后的伸长、张力的变化、橡皮布堆积程序的变化、水墨量的变化等因素都会造成套印发生改变，所以胶印轮转机没有绝对的套印准确，正常印刷中要随时关注套印变化。即使加装了自动套准系统，也只能起到随时监控随时校正的作用，把跳动控制在一定范围内。

▶ 微信扫码 ◀
商业轮转机检查调整
套印、颜色

⚙ 任务思考

1. 什么是轮转胶印机的张力微调？具体的调节方法是怎样的？
2. 什么是折页调整？其过程主要有哪几步？
3. 为什么说套印过程处于动平衡状态？

▶ 微信扫码 ◀
典型故障与质量控制解析

◆ 任务练习

分析总结书刊内页印刷工艺要点，写出4000字左右的总结报告。

拓展测试

▶ 微 信 扫 码 ◀
选择题

▶ 微 信 扫 码 ◀
判断题

　　平版印刷技术在纸质包装产品印刷生产领域应用范围很广，在全球包装传统印刷领域占比超过60%。随着新技术、新材料、新工艺的不断应用，以及环保要求的进一步提高，目前先进的平版印刷机都具备了自动上版，自动套准，自动调节墨量、水量，自动调节印刷压力，自动清洗橡皮布，数据储存，故障显示和远程诊断等功能，以及超多色、多工序联机印刷功能，完全实现了机电一体化自动控制和数字化控制。

项目五

包装产品新工艺与技术创新应用

∧ 项目教学目标 ∨

通过本项目"理实一体"的任务实施与对应知识原理的学习，具备创新应用新材料、新工艺以及新标准进行包装产品印刷复制的能力，掌握包装印刷新产品工艺设计及工艺控制要点，以及印刷质量控制手段和方法，培养创新应用知识能力，进一步提高团队合作精神。拟达到的知识技能目标如下。

▣ 技能目标

1. 具备将印刷机机电一体化自动控制和数字化控制应用于产品生产的能力；
2. 具备将新材料、新工艺创新应用于包装印刷产品的工艺设计和开具产品印刷施工单的能力；
3. 具备正确控制新产品开发和工艺参数设计控制的能力；
4. 具有包装新产品印刷工艺设计和质量控制的能力；
5. 具备在新产品开发中使用密度计等仪器设备进行质量检测与控制的能力；
6. 具备在包装产品开发中评价新技术、新工艺、新材料对环境影响的能力。

▣ 知识目标

1. 掌握平版印刷机机电一体化自动控制和数字化控制相关知识；
2. 熟练掌握新技术、新材料和新工艺在包装产品印刷中的开发原则和方法；
3. 熟练掌握新材料的印刷适性知识；
4. 熟练掌握新技术的相关原理和知识；
5. 熟悉新工艺质量检测及控制方法；
6. 熟悉并掌握包装产品生产中防伪技术知识；
7. 掌握包装产品开发和生产中相关技术标准及运用知识；
8. 掌握新产品开发中新技术、新材料和新工艺综合应用，以及协同创新的知识。

平版胶印技术与操作

任务实施 高档纸质化妆品盒印刷工艺及操作

1.任务解读

纸质化妆品盒大版图如图5-1所示，根据生产施工单要求，印刷5色化妆品包装盒，其成品规格为66mm×56mm×186mm，纸张为350g/m²白卡纸，上机尺寸为870mm×530mm，加工工艺为分切、切纸、印刷、联机上光、烫黑金、模切、清废、品检、粘盒。

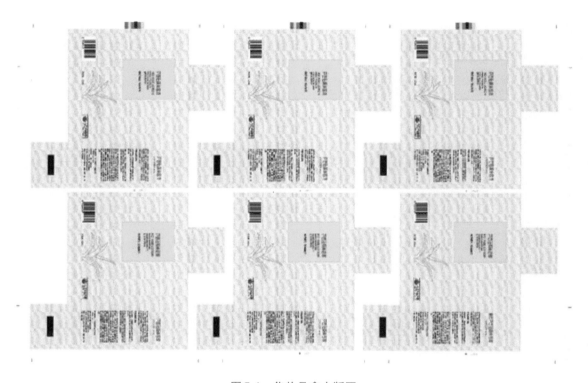

图5-1　化妆品盒大版图

2.设备、材料及工具准备

印刷设备选用罗兰R706 3B LV对开6色带上光单元胶印机，其最大纸张尺寸为1040mm×740mm。本任务纸张为指定品牌的350g/m²、889mm卷筒纸分切后修切得到，纤维方向垂直于走纸方向，印版为1030mm×785mm的热敏CTP版，油墨为杭华系列快干油墨，水性光油联机上光，印刷过程中使用喷粉。

3.课堂组织

每组5人，实行组长负责制；每人领取一份实训报告，印刷结束时，教师根据学生调节过程及效果进行点评；现场按评分标准在报告单上评分。

4.操作步骤

（1）阅读施工单

首先领取生产施工单，明确产品名称、规格、数量、各工序放数、上机纸张品种、规格、尺寸、用色、色序等要求。理解无误后，由机长凭"生产施工单"到晒版房领取CTP版，并提取加工该单产品所需色样、大版样、成品样。

表5-1所示为本任务的施工单。

表5-1　纸质药盒产品生产施工单

××公司生产施工单　　条形码				
订单号：××××	版次：×版	工单编号：××××	业务员：×××	制单人：×××
印件信息				
印件名称 120ml芦荟驻颜美容液花盒	交货期 ×年×月×日		成品规格 66mm×56mm×186mm	
客户名称　　××公司	合同数量 6000		计量单位　　个	
原样稿　　大版样：1；成品样：1；印刷原样：1；色样：1				

部件信息								
部件名称	开料尺寸	物料名称	品牌	实用数	伸放数	总用数	联数	色数	库存、备注
小盒	870mm×530mm	350g白卡纸	××	1000	416	1416	6	5	公司库存，纤维方向垂直于870方向
工艺流程	小盒：分切→切纸→晒版→胶印→联机上光→烫金→模切→清废→品检→粘盒							
色序	正面色序	小盒：K，C，M，Y，专金				反面色序		

工艺信息						
部件名称	工序名称	计划产量	损耗	计划交货数	发外否	工艺要求
中盒	分切	1416	0	1416	否	分切为889mm×530mm
	切纸	1416	0	1416	否	修切为870mm×530mm
	晒版	5	0	5	否	CTP照大版标注用1030mm×785mm热敏版晒
	胶印	1416	330	1086	否	照色样用**油墨印刷，联机上光
	烫金	1086	40	1046	否	旧版烫**黑金，位置照定位菲林
	……					

领取CTP版时，需对照施工单的内容校对、检查印版有无破损、划痕和折痕。晒版应图文、网点再现良好、无缺失，3%网点不丢，97%网点不糊，印版检测仪测网点梯尺，网点偏

平版胶印技术与操作

差小于2%。中线、规矩线、修切线、色标齐全，无脏点、无龟纹。咬口位置正确，图文无歪斜，产品追溯、识别标识齐全，且在产品品面之外。若属重复生产工单，则可同时领取"工艺技术档案"，作为本次生产的数据参考。

按工单说明提取与待印产品相匹配的四色油墨，专金为Pantone873C。水性光油为丙烯酸衍生物树脂液配制的成品，为乳白色。到白料区取纸。使用的油墨符合GB 38507—2020油墨中可挥发性有机化合物含量的限值要求。检查纸张开料尺寸、纸张品种、品牌是否与工单要求相符，色相是否符样。纤维方向垂直于870方向。纸张裁切的误差应在1.5mm以内，无长短不一、破纸、毛边、丁角。

（2）工艺准备

机长按工单确定印刷色序为K、C、M、Y、专金，认真领会施工单工艺要求。安排色序要结合产品各色面积大小、颜色叠加关系、油墨印刷特性等。

开启VOCs处理设施。助手安装CTP版。点动印刷机，使印版滚筒咬口和拖梢之间的安装槽处于最容易工作的位置停下。版衬垫装入后，将印版的咬口插入上面的版夹，插入时要平整。插好后，核对定位孔确定印版位置，用专用工具锁紧。正点动印刷机，到拖梢部分最容易装版位置放下，将版尾插入，用专用工具锁紧，并张紧印版。油墨转移（印版至橡皮布）是靠过量压力（0.1～0.15mm）实现的，罗兰专用版衬垫厚0.35mm，已预先粘贴在版滚筒上，版滚筒缩径量0.5mm，版厚0.28mm。版厚度＋衬垫厚度－缩径量=0.28＋0.35－0.5=0.13（mm）。0.13mm即为过量压力，高于滚枕，低于0.1mm网点，转移不良，高于0.15mm，则版、橡皮滚枕不能接触，运转不良。

助手安装气垫橡皮布。点动运转印刷机，在拖梢部橡皮布张紧轴显露的位置停止运转。打开咬口侧压版。将橡皮布的夹板牢牢地插入橡皮布张紧轴的槽内，锁紧张紧轴。点动运转印刷机，在橡皮布和衬纸容易装入的位置停止运转，将其装入。安装结束后，用专用工具张紧橡皮布。印刷过程中橡皮布受挤压会略有膨出，加衬垫后可不高出滚枕。

罗兰机橡皮布厚度＋衬垫厚度－橡皮滚筒缩径量=0（mm）

橡皮布厚1.96mm，装好绷紧后为1.92mm，则衬垫厚度=橡皮滚筒缩径量－橡皮布厚度=2.6mm–1.92mm=0.68mm。

因橡皮布膨出量误差，衬垫厚度为0.65～0.70mm，通常用铜版纸。衬垫纸两端不得超出滚筒堤肩。衬垫的加装均应按印刷机说明书标准滚筒缩径量参数加装。

（3）加注润版液

在水箱中加入无醇润版液原液，将电机打开。检查是否正常供水到机器上的水斗槽内。做到水辊平，供水量准确、均匀，循环稳定。润版液温度控制在8～12℃，pH值控制在5.0～6.0。

根据印前制作传来的各色版大版生成的CIP3墨量文件将各色油墨墨量预置、纸张规格、压力等参数输入电脑，压力应等于纸张厚度0.40mm。

放墨在墨槽（墨槽不干净时应先洗净），并用墨铲推匀，通过调节使墨辊传墨均匀，即墨平。调校拉规和飞达。

将盛有水性光油的塑料桶放置在防渗漏塑料二次容器中，靠近上光单元，在桶中插入输液管，开启油泵，根据80目网纹辊的光油涂布量，调节阀门，使光油输送量适中（图5-2）。

若需要稀释可加四分之一左右的水。

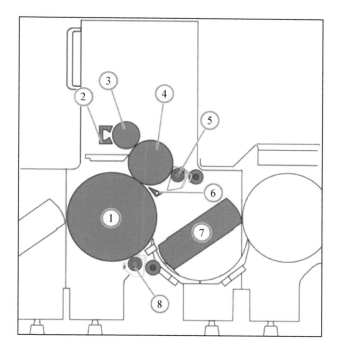

1—压印滚筒（参见操作手册和维护手册）
2—收纸刮刀
3—网纹辊
4—印版滚筒
5—印版滚筒清洗装置（AFD）[选项：带刷子的清洗装置（AFD）]
6—压印滚筒吹风装置（参见操作手册和维护手册）
7—传纸器（参见操作手册和维护手册）
8—压印滚筒清洗装置[选项：带刷子的清洗装置（AID）]

图5-2　上光单元剖面图

（4）输纸部分调节

① 将纸按中心线对折（长度方向），设定供纸位置。

② 将松好的纸齐好后放入供纸台上。要求上好的纸平整、无卷曲，纸张松透无粘连，纸在纸台位置左右居中。发现异物立即清除。翻面印刷咬口勿颠倒。特种纸须由机长确定纸张正反面后方可上纸生产。

③ 将前规操作面、驱动面的叼纸控制调节位置放在零位，以便打开前规。使机器低速运转，让供纸台升高到第一吸嘴处的基准线。根据纸张的厚度确定前规的高度。

④ 调整纸张左右位置至870mm，确认拉规位置，并锁紧拉规。

⑤ 根据纸张大小确定飞达头前后高低位置及分纸毛刷，钢片条左右前后位置。

⑥ 将纸张对准前挡规，并调整送纸轮。

⑦ 测定纸张厚度为0.40mm，根据纸厚度调整送纸轮的弹簧。

⑧ 低速运转机器，以确定前挡规和侧规的位置，并根据纸张厚度调节各吸嘴位置及吸嘴的风量大小。

⑨ 为有效控制双张，双张控制器的光电部分每天清扫一次。

（5）收纸部分的调节

根据纸张大小，调整纸台前后左右位置。在收纸时，根据纸张和油墨干燥情况加放收纸隔板。

开启上光单元干燥光源。开启喷粉。

机速设定上限为11000张/小时。

（6）签首张样

校样由机长和助手共同完成。机长用同规格尺寸的10张左右过版纸后加2张白纸，对印刷产品的尺寸位置校样，检验内容按公司"纸包装产品检验标准"检验。

在版式、位置与付印样一致后，用施工单规定正式用纸试印校色。校色时放70张左右过版纸后加3～5张白纸，油墨从墨斗转移至印版，反映出墨斗开牙量大小，要印刷65～70张纸。使用彩色分光密度计测量控制条四色实地密度值，通常K取1.6～1.7，C取1.3～1.55，M取1.25～1.5，Y取0.85～1.1，注意仪器应设为T响应。必要时还需测量50%网点扩大值。主要部位套印误差≤0.15mm。

在各项与付印样一致后，由车间主管签首张样，过程检验员复核后，方可投入批量生产。批量生产前，将印版上表明自己机组代号的数字消去。并将胶印参数及相关内容记录在"工艺技术档案"上。

（7）过程质量控制

生产过程中应勤看版面润版液情况，勤搅墨槽，检查光油上光情况。机长按"前工序检验规程"抽样，对照"纸包装产品检验标准"检验，以确保产品质量的一致性，防止批量产品不合格。检验结果记录在"生产过程产品质量抽查记录表"上。

每车产品上必须开具"生产过程控制作业传票"，按传票填写规定规范填写。对本工序的不合格品应选出隔离、标识，清点数目后如实填写日报表。

选用品必须分隔标识。

产品生产操作加工结束。

（8）印后整理

印刷结束后，要由全机组人员进行机器的清洁工作。

机长负责将遥控台的数据归零，关闭遥控台开关，对现场的校版纸、不合格纸及已印产品进行清理，记录当日的产量、质量状况。

助手清洁墨斗，先将墨取出放入墨罐中，用蘸有清洗剂的擦布清洁墨斗槽，要求彻底清洁。

助手将铲墨器放入各色序指定位置上，注意在没有向墨路浇汽油之前，不能将铲墨器拧紧。将印版从版滚筒上取下，若有保版要求的将印版清洗干净，用保版胶保版，标识后避光存放。

一切就绪后，运转机器清洁墨路，拧紧铲墨器。注意墨刀背面不能有干墨堆积，正面不能有油墨堆积。开启橡皮布自动清洗装置。洗车完后，及时清洁铲墨器。

清洁完成，将橡皮滚筒和压印滚筒清洁干净。尤其要将滚筒肩铁清洁干净。

将水性光油槽、管路加入清水清洗干净。关闭机器总开关，将空压机中的气放掉。

清洁机器外表。填写交接班记录和生产日报表。准备与下一班交接。

任务知识

一、纸质化妆品盒胶印工艺特点

① 根据化妆品的特性，要求包装精致、卫生、视觉效果突出，凸显产品品质；承印材料

多样，通常用白卡纸、特种纸乃至铝箔、镀铝PET膜复合纸印刷，复合纸需采用紫外线固化（UV）印刷。

② 印刷设色既有4色、4色加专色，也有黑色加全专色印刷，挂网线数以175线为常见；常在银色表面印刷透明浅橙色实地表现"金色"效果；为保证视觉效果，多用大面积实地专色，甚至同一色用两个实地版叠印，此时要特别防止背面蹭脏；会采用底纹、微缩图文等多种制版防伪工艺。

③ 客户通常会要求提供标准色、偏深色和偏浅色的标准样（偏深和偏浅应在许可范围内）作为颜色偏差控制标准。文字内容需100%正确。使用环保绿色油墨。

④ 化妆品盒展示面相对较小，为满足《商品条码　零售商品编码与条码表示》（GB 12904—2008）要求，保证条码识读，条码空白部位需印白墨，同时白墨常作为底色与其他颜色叠印；要保证条码左右空白区有足够位置。

⑤ 印后整饰工艺较多，要特别控制好套印和规矩的稳定。

⑥ 为打码等预留光油"窗口"时，需要制作铝基树脂凸版，并套印准确。

二、多色机印刷校版与校色

校版时用同规格尺寸的10张左右过版纸后加2张白纸，确保图文出全，成品尺寸和出血位出全，借咬口时要比对成品样。

校色时放70张左右过版纸后加3 ~ 5张白纸，油墨从墨斗转移至印版，反映出墨斗开牙量大小，大约要印刷65 ~ 70张纸。多联产品要注意保持各联的颜色一致。

三、工艺操作中与后工序衔接的注意事项

① 印后表面处理常用过水性光油、逆向光油、印油和覆膜等方式，印刷设备允许时可采用联机上光，注意粘边光油需飞出以保证粘盒牢固。

② 由于化妆品盒要喷印打码，排版应留足位置，同时保证规矩稳定。

③ 印刷后直接烫印时，注意油墨与烫箔的匹配。

为保证产品质量，通常模切后需用品检机品检剔除不合格品后再粘盒。

☀ 任务思考

1.结合化妆品纸盒加工知识技术的学习，进一步凝练新技术工艺在高档包装成品加工中的运用方法。

2.在高档包装成品的加工中，如何有机运用最新工艺与技术？

◆ 任务练习

1.根据提供的成品进行印刷工艺操作分析，写出详细的操作方案。

2.自拟题目，在某种包装产品的印刷工艺实施方案中设计应用最新工艺与技术。

附录

附录一　印刷企业规章制度选编

附录二　平版胶印环保要求

附录三　拓展测试答案

▶ 微 信 扫 码 ◀

附录一

▶ 微 信 扫 码 ◀

附录二

▶ 微 信 扫 码 ◀

附录三

参考文献

[1] 金银河.印刷工艺[M].北京：中国轻工业出版社，2007.

[2] 唐耀存.平版胶印实训教程[M].北京：印刷工业出版社，2011.

[3] 周玉松.现代胶印机的使用与调节[M].北京：中国轻工业出版社，2009.

[4] HJ 942—2018.中华人民共和国国家环境保护标准.